王刚　王晓飞
史宝龙　王闷闷　著

西安出版社

图书在版编目（CIP）数据

寻找茯茶 / 王刚等著 . -- 西安 : 西安出版社，
2018.12（2023.2重印）
ISBN 978-7-5541-3545-7

Ⅰ . ①寻… Ⅱ . ①王… Ⅲ . ①茯砖茶—介绍—陕西
Ⅳ . ① TS272.5

中国版本图书馆 CIP 数据核字 (2018) 第 295090 号

寻 找 茯 茶
XUNZHAO FUCHA

著　　者：王　刚　王晓飞　史宝龙　王闷闷
策划编辑：范婷婷
责任编辑：张增兰　李　丹
责任校对：陈　辉　王玉民　张忝甜
装帧设计：李南江　余卓璟
出　　版：西安出版社
（西安市曲江新区雁南五路1868号影视演艺大厦11层）
电　　话：（029）85253740
印　　刷：廊坊市印艺阁数字科技有限公司
开　　本：889mm × 1194mm　1/32
印　　张：7.5
字　　数：144 千字
版　　次：2018 年 12 月第 1 版
印　　次：2023年2月第2次印刷
书　　号：ISBN 978-7-5541-3545-7
定　　价：68.00 元

寻找茯茶

序

王刚、王晓飞、史宝龙、王闷闷通力合著的《寻找茯茶》就要出版了，我作为一个多年来关注和研究茶文化产业的老茶人为之击节叹赏：不但为既古老又年轻的茯茶产业再铸辉煌而倍感鼓舞，也为四位学者的学术洞察力及其高效合作表示由衷的敬意！其实，《寻找茯茶》寻的是茯茶产业走过的轨迹，以及其在古今社会生活中所起的作用与地位，从而融入“一带一路”，为再铸茯茶产业的新辉煌做出贡献。我们可以毫不夸张地说，这是一次茯茶产业寻根溯源、指向未来的精神之旅，它能让人民大众更多地了解和传达中国茯茶的历史与价值。同时，它也是一次中国茯茶文化具有当代意义的对接丝绸之路之旅，具有现实指导意义。所以，《寻找茯茶》实是一部寻找茯茶前生、畅谈今世、指明未来的探究之作。

至于茯茶，由于它的特定历史背景，以及在中国茶文化史上所起的作用，在茶及茶文化界，几乎无人不晓。而茯茶的“祖籍”是陕西泾阳。泾阳位于关中腹地、泾河下游，虽在历史上是三辅名区、京畿西出门户，也是南茶北上的必经之地，但由于地处秦岭以北，受气候与土壤等条件制约，历史上本不产茶。可古往今来，泾阳一直与茯茶共生同荣，这是因为泾阳不但是中国茯茶的诞生地和茯茶文化的发祥地，同时也是茯茶文化积淀最深、内涵最丰、呈现最集中的地方，说泾阳是“中国茯茶之源”，乃实至名归。有鉴于此，人们习惯于称茯茶为“泾阳茯茶”。又由于茯茶经压制后，形似砖块，故又有“泾阳茯砖茶”之称谓。在中国茶文化史上，茯茶在千百年的历史时期内，名噪一时。追其原委，还得从茯茶在泾阳的缘起、流变，以及所产生的历史地位与经济价值说起。

史载，西汉时，随着张骞（？—前 114 年）出使西域和古丝绸之路的开通，丝绸、茶叶、瓷器等物产便成为丝绸之路贸易中的最重要产品，源源不断地从长安（今西安）出发，途经泾阳，西出阳关，出口西域以至更西。

中唐开始，由于“茶道大行”，饮茶之风在全国范围内普及开来，随着茶马互市的开通和“万国来朝”的施行，饮茶之风不但进入西域，而且还通过海上丝路传入现今的东北亚各地。唐代封演《封氏闻见记》载，茶“始自中地，流于塞外。往年回鹘入朝，大驱名马，市茶而归”。泾阳由于地处中原，又是西出长安的门户，便成了中国最早茶马互市的必经之地。如此算来，泾阳作为西北边茶的商贸重镇，已有1200年以上历史了。

宋太宗太平兴国八年（983年）开始，禁用铜钱买马，茶马交易成为法规定制。其时，在今陕西、甘肃、山西、四川等地开设马司，用茶换取边疆少数民族马匹。接着，于宋神宗熙宁七年（1074年），在“边民生活不可无茶，中原强军不可无马”政策指导下，四川、湖南以及陕西等地茶叶经黄河、过渭水、入泾河，源源不断运抵泾阳。于是，泾阳便逐渐成为边茶集散中心。而这种边茶，其实就是后来茯茶的前身。按此推测，茯茶产生的历史，当有近千年之久了。

南宋时，全国有八个地方（四川五场、甘肃三场）设有茶马互市专营机构，陕（西）商和陇（甘肃）商从设在甘肃的茶马司领购票引，对接丝绸之路，从陆路将边茶贩运至西北边疆，然后进入西域。

明代，从洪武元年（1368年）开始，茶马交易作为一项治国安民的国策得到进一步强化，大量茯茶原料从湖南等地源源不断地集中到泾阳。其时，商界为节约运输成本，便在泾阳就地将茯茶原料加工压制成砖形茯茶，远销西北边地，并出西域，远销中亚、西亚以及东欧各国。如此，泾阳又成了最早生产茯茶的生产基地。如此算来，泾阳生产茯茶的历史，至少有600多年了。不过，也有部分专家学者对泾阳压制茯茶的时间提出不同意见，但不管哪种说法，对泾阳是中国茯茶的诞生地和茯茶文化的发祥地是没有异议的。

清时，如同明代一样，泾阳一直处于边茶加工和贸易集散中心的地位。特别是清初，从顺治（1644—1661 年）初年开始，茯茶原料从湖南安化等地运往泾阳，在泾阳经过再加工压制成砖形的茯茶，名闻遐迩，盛极一时。这种情况一直延续到 20 世纪 50 年代。考虑到运输方便和降低成本的需要，泾阳茯茶一度中止生产，改由原料主产地湖南安化生产。

21 世纪初开始，由于泾阳生产茯茶有天时地利人和之优势，所生产的茯茶很难为别处所替代，于是茯茶生产再次在泾阳勃然兴起，引得世人刮目相看。与此同时，湖南安化黑茶在 2017 年由国家农业部主办的首届中国国际茶叶博览会上，荣获“中国十大茶叶区域公用品牌”称号。

综上所述，茯茶历经千年，生生不息，一路飘香，这是有其原因的。首先，众所周知，在历史长河中，茯茶作为茶马互市中的一种重要物产，政府原本想通过内地之茶来控制边区，进而利用边境之马来强化对内地的统治。但在客观上，茶马互市的结果，首先对促进我国边疆少数民族地区的经济发展起到了良好的推动作用。

其次，值得一提的是，茯茶在历史上被誉为古丝绸之路上的“黑黄金”，在边境地区有“一日不饮则滞，三日不饮则病”之说，所以西部少数民族长期以来称其为“生命之茶”，它为安定西部边疆，改善兄弟民族生活，以及提升人民福祉立下了不朽功勋。

另外，边茶贸易的实施，不但造就和确立了陕商、陇商的历史地位，而且还为加强中外文化交流和加深各国人民间的和平与友谊做出了贡献。

所以，茯茶及茯茶文化既是人民不可多得的精神“食粮”，也是人民无法估量的物质财富，在中国茶文化史上有其光辉一页，有利于发展茶产业，促进茶经济，拉动茶旅游。

这次，四位作者从历史的视角，用翔实而丰富的资料，上下千百年，纵横万千里，对茯茶及茯茶文化进行了纵的断代剖析，对茯茶的产生原因、发展途径进行了回顾与总结；再从横的视野，指出神奇茯茶在历史上所处的地位和作用。本书文笔流畅，叙事条分缕析，论证严谨有据，内容超越时空，集茯茶及茯茶文化之大观，可谓是一本知识性、思辨性和功能性相结合的用心之作。为此，我再次为《寻找茯茶》问世而喝彩！为四位作者著《寻找茯茶》所做出的贡献而鼓掌！

是以为序。

姚国坤

（世界茶文化学术研究会副会长、

中国农业科学院茶叶研究所研究员）

2018 年 12 月于杭州西子湖畔草木轩

前言

俗话说，开门七件事——柴米油盐酱醋茶，这是老百姓日常生活中必不可少的生活用度；中国传统文人有七件宝——琴棋书画诗酒茶，茶依然在列。可见，茶不仅是一种生活必需品，更是一种生活情趣、一种文化。

中国是茶的故乡。神农尝百草，曾日遇七十二毒，因得茶而解。西汉华佗在《食论》中说“苦茶久食，益意思”；西晋杜育在《荈赋》说，饮茶能“调神和内，倦解慵除”；唐陆羽在其《茶经》中也写道：“茶之为用，味至寒，为饮最宜。精行俭德之人，若热渴、凝闷、目涩、四肢烦、百节不舒，聊四五啜，与醍醐甘露抗衡也。”

中国是茶文化的发源地。作为一种东方特有的文化符号，茶见载于各种史册，传至今天的文献数不胜数。可以说，茶始终与中国历史相从、相随，与儒、道、佛诸派思想糅合，相互交融、相得益彰，形成了独树一帜的中国茶文化。

秦岭以北自古不产茶。寻找茯茶，其实也是在寻找一种文化的融通，更是寻茶人的一次精神之旅。

这本书名为《寻找茯茶》，即寻找泾阳茯茶（又称茯砖茶）。从地理意义上讲，我们与泾阳茯茶交集甚少，对于泾阳而言只是一群过客。那么，我们又何以要寻找茯茶？

我们生活的地方八竿子都打不着一棵茶树，但我们自小就知道茶，家里来客首先泡上一壶茶，每次回老家总要为长辈、亲友们带上一些茶礼。是的，茶几乎无处不在。茶早已经成为我们日常生活的一部分，甚至我们身体的一部分。

可以说，中国人的一生都与茶相知、相伴。如果我们的生活没有茶，真不敢想象那会是一种什么样的景象。

在泾阳“寻找茯茶”，我们走访了众多制作茯茶的茶人，也喝过不同口感的茯茶。泾阳茯茶承载着历史。跟着这种茶香，我们全身心地投入到与泾阳茯茶有关的史料与实物当中，阅读与茯茶相关的书籍，在时间的茶道上，我们感受到了神秘茯茶的另一面——朴实。

茯茶内蕴的是一种朴素的生活方式。

在当下，它之所以越来越受到饮茶人的青睐，不仅因为其品质和功效，还因为它是大众能消费得起的茶。医学研究表明，茯茶口感较好，适合大众口味，男女老少皆宜，长期饮用能为人带来健康与活力。作为特殊的茶种，茯茶是一种适合一年四季喝的茶。它性温、润脾、暖胃，正如朴素的生活一般，滋润着平常的日子。

在泾阳，砖茶有了第二次神秘的发育，因着特殊的地理环境和自然条件，砖茶中生长出一种益生菌体——金花，它使砖茶成为茯茶，给了我们一次意外的惊喜。

茯茶作为一种健康的饮品，其营养成分会随着年份的增加而呈上升趋势。当然，这也并非意味着其越陈越好。茯茶界有一种说法，每年收藏一批新茶以待陈化，三年一个变化，五年一个周期，喝老茶存新茶。三伏天，我们一行人在泾阳寻找茯茶，在根社茶社喝了几碗非常醇厚的陈年茯茶汤，伏天所有烦躁不安的情绪便被消解得像茯茶一样温顺而绵长。

茯茶是日常中的修行，正如每日面对的生活，虽然平淡，却需要我们时时应对波澜、矛盾。品味茯茶，是一种面对日常的淡定，一种对事物矛盾调和的信心，是面对生活需要滋养的一种情怀。

要喝茶先得认识茶。《红楼梦》中有“枫露茶”，文中这样描述：“加水到第三四次才出色。”有经验的品茗者肯定懂得，泡水到三四次才出色的茶肯定不是绿茶、白茶，大抵只有发酵或半发酵的茶才能多次冲泡而仍然有色。

对茯茶有所了解的茶人一定会知道，茯茶经过长时间的煮泡，茶色仍保持着琥珀色，红暗透亮，纯净，醇厚。

有人说，茶是最适合阐释东方美学和哲学的载体。饮茶能解渴，但饮茶并不只是为了解渴，饮茶应该是一种享受茶的过程。沸水一冲，便是一壶茶。手边一杯茶，不问何方叶，将一颗心浸泡成一杯清澈的茶。

此时，茶就是禅。禅茶一味，更是需要用心才能体会。

茯茶喝起来口感回甘绵滑。长期喝茯茶的人对茶气会特别敏感，茶汤入口，就能分辨出茶气的强弱，气强者在口腔中会给人一种“劲道”而又悠长的感受。

喝了茶气强的茯茶汤，很容易打嗝，接着有一股热气在胸腹中升腾，毛孔也随之松弛开放，身体有了微汗或汗气徐徐开始舒发之感。继续品饮，喝到六七碗时，茶气生清风，饮茶者飘飘欲仙。可见，茯茶并非只是消暑解渴，还具有一定的养生功能。

茶作为药用当属解毒。李时珍在《本草纲目》里讲得最透彻。现代科学鉴定，茯茶中有人体需要的多种氨基酸、维生素和微量元素，所含脂肪分解酵素含量高于其他茶类，能降脂降血、平衡生理……这或许正是我们“寻找茯茶”的真正目的。

传统与科技并不对立。古丝绸之路与茶马古道是一条文化传播纽带，它以运茶、丝绸、瓷为主要目的，伴随商品和物资交换的，还有文化、科技、宗教等多方面的思想与精神的交融。

古丝绸之路是连接欧亚的陆路主干道，据考证，这条道路上的民众几乎都是嗜茶民族，他们喝的最多的就是全发酵的黑茶，茯茶则是最典型的全发酵黑茶之一。

历史上的陕西泾阳茯茶一路流香，远销中亚、西亚、东欧，并为各民族文化交流融合建立了不朽功勋，成就了陕商重要的历史地位。

现代科技正推动着饮茶之风在全世界流行。21 世纪初，陕西泾阳茯茶重新恢复制造,陕西茶人承受着现代文明的压力，秉持着手工做茶的传统，继承着传承与钻研的工匠使命，正沿着丝绸之路一路向西行进。古道的驼铃已远去，但茯茶的醇香依然氤氲在这条通道上。这是一个茯茶梦，也是一次茯茶重返“一带一路”巅峰的人文地理之旅。

在喝陕西茯茶之前，如果知道关于它的前世今生，则能更好地体会茯茶的滋味——这也是我们写作本书的目的。

好了，现在我们邀请你进入茯茶世界，开启你的茯茶之旅，寻找不一般的人生体验。

王刚

戊戌处暑

第四章
茶里茶外

目录

陕西茯茶长什么样？是黑茶、白茶还是绿茶？我们从历史中寻找茯茶最初的样貌。从其原料主要产地湖南安化到陕西泾阳，这款中国茶发生了根本的变化，泾阳又赋予了它另外的价值和意义。何谓泾阳茯茶？何谓『茯』，何谓『砖』？在这一章中，我们探访茯茶的前世今生。

寻找茯茶

第一章 茯茶之源

泾阳开始的茯茶之旅

中国是世界上最早种植茶树与饮茶的国家，是茶叶的故乡。中国茶文化源远流长，从战国时期算起，已有2000多年的历史。可以说，茶文化史是中华文明史的重要内容。

要考证陕西茯茶，先要了解它的历史。

历史上，茯茶的生产有“离了泾河的水不能制，离了关中的气候不能制，离了秦人的技术不能制”之说。泾河源出宁夏回族自治区南部六盘山东麓，东南流经甘肃省，至陕西省高陵区境入渭河。茯茶最早就出自泾阳，这也正应了一句老话：“自古岭北不产茶，唯有泾阳出名茶。”

泾河是渭河的支流，渭河又是黄河的最大支流。泾河和渭河在今天的西安市高陵区交汇时，由于含沙量不同，呈现出一清一浊，清水浊水同流一河却互不相融的奇特景观，这就是成语“泾渭分明”的来源。现在，常有地理迷和旅游者来此寻踪，探究这一自然奇观。

泾阳位于泾河之北，古以水之北为阳，泾阳由此得名。泾阳之名最早见于《诗经·小雅·六月》：“玁狁匪茹，整居焦获。侵镐及方，至于泾阳。”

战国时期，秦灵公即位后，“以泾阳为秦国国都，凡十年”。战国晚期，秦设泾阳县。

公元前316年，秦惠文王命司马错为将伐蜀，司马错南下平定了蜀地，也顺道灭了巴国。之后，巴蜀地区就成为秦国茶叶主要的出产地之一。

泾渭分明

秦国素来有重用客卿的传统。秦王嬴政即位后，在公元前246年，邻国韩国为了自救，派郑国作为奸细来秦，说服秦国修水利，想用“疲秦”之策来消耗秦国，保存自身。当时，秦王嬴政将重用客卿的传统发挥到了极致。韩国间谍郑国的到来，正顺应了秦王发展农业灌溉的想法。郑国的真实身份在渠开凿到一半时被发觉，秦王嬴政欲杀郑国，但郑国一句“始臣为间，然渠成亦秦之利也”。郑国对秦王嬴政说，水渠工程只不过为韩国延数岁之命，而对秦国来说却是万世功业。嬴政最后采纳了郑国的意见，让他继续主持此项工程。10年以后，这项历史上著名的水利工程“郑国渠”终于竣工了。

郑国渠全长300余里，西引泾水东注洛水，使关中的农业生产面貌得到极大的改变。《史记·河渠书》记载：“渠就，用注填阏之水，溉泽卤之地四万顷，收皆亩一钟。于是关中为沃野，无凶年。秦以富强，年并诸侯。”郑国渠的开通，加快了秦统一全国的进程。公元前221年，也就是在郑国渠开通的15年后，秦完成了统一六国的大业，以咸阳为首都，建立了中国历史上第一个大一统的封建王朝——秦朝。在之后的2000余年间，郑国渠被历代政府所沿用，泾阳也因为这项伟大的“世界灌溉工程遗产”，成为中国历史上著名的农业大县。如今，郑国渠遗址已成为泾阳县具有经济和文化双重效益的文旅景点。

汉惠帝四年（前 191 年），泾阳改为池阳县。从汉武帝时期张骞开拓丝绸之路起，泾阳就成了南茶西运和加工、中转的重地。“西汉以降，茶叶市场不断发展，茶商队伍也随之壮大……”中国茶叶对外传播路线基本上与古代丝绸之路相辅而行，后期茶叶的贸易远超丝绸，所以丝绸之路亦被称为“丝茶之路”。日本《植物和文化》1973 年第九号桥木实《茶的传播史》中记载，中国产茶地的茶叶向长安地区集中，然后经甘肃，过天山，再运往中亚、西亚、地中海及东欧地区。

汉宣帝神爵年间（前 61—前 58 年），辞赋家王褒在《僮约》一文中两次提到茶，即“脍鱼炰鳖，烹茶尽具”和“武阳买茶，杨氏担荷”。虽然 600 多字的《僮约》是一篇与髯奴有关的契约文章，但从茶史研究而言，茶叶能够成为商品上市买卖，足以说明西汉时饮茶之风已相当流行。王褒在不经意中让我们窥见了西汉从事茶叶买卖的商人，为中国茶史留下了非常重要的一笔。

东汉时，泾阳属司隶校尉部左冯翊池阳、云阳县和京兆尹阳陵县。汉唐时期，今陕西地区的商人就是丝绸之路的开拓者与先行者。他们以“忠、义、仁、勇”——“对国以忠，待人以义，处事以仁，作战以勇”——而被世人称道。

唐代开始实施茶马交易政策。唐贞观元年（627 年），泾阳县属关内道雍州所辖。泾阳与都城长安毗邻，唐代是茶叶生

茯茶茶汤

产与发展的重要时期，可以说，为往后泾阳茯茶的形成起到了一定的催化作用。茶税在唐代是一项重要的税收。当时设有茶政，主要管理茶叶的生产与贸易、茶税等，这说明茶税已经成为政府贸易中重要的收入之一。唐代封演的《封氏闻见记》中称："茶，南人好饮之，北人不多饮。开元中，泰山灵岩寺有降魔师，大兴禅教，学禅，务于不寐，又不昔食，皆许其饮茶；人自怀挟，到处煮饮，从此转相仿效，遂成风俗。自邹、齐、

沧，渐至京邑，城市多开店铺，煎茶卖之。”可见，北方的饮茶习惯，是借着禅宗的兴盛而发展起来的，说明禅宗对茶的推广作用是相当大的。

茶的沉静与内在的谦恭特性非常符合佛门的教义，茶的提神保健功效也受到僧众欢迎，因此茶在佛门中是一种特别的存在。特别是对讲究平心静气修行打坐的禅宗来说，茶与禅犹如一件物什的外形与内涵，“禅茶一体”之说深入人心。

唐贞观十五年（641 年），唐太宗李世民册封宗室之女为文成公主，并将她许配给了吐蕃王朝三十三世赞普松赞干布。吐蕃是青藏高原新崛起的一个王朝。这位有着“饮茶皇后”之称的大唐公主入藏时，陪送队伍中有唐王朝派去的大使、太医、乐舞师、画家和各个行业的能工巧匠，皇室给文成公主陪的嫁妆还有丝绸锦纶、玻璃器皿、粮籽茶叶等特产作物。据陕西省茶人联谊会会长韩星海先生说，藏史中记载：“赞王松布之孙（即松赞干布）始自中国输入茶叶，为茶叶输入西藏之始。”文成公主入藏后给松赞干布建议，用出自吐蕃的特产如牲口、皮毛、鹿茸等与大唐交换茶叶。松赞干布听取了文成公主的建议。从此，吐蕃王朝的雪原上饮茶之风日渐盛浓。公元650年，松赞干布去世。之后，文成公主在吐蕃生活了 30 年。1300 多年后的今天，拉萨仍保存着藏人纪念她的塑像。这段唐蕃联姻的历史，也是文成公主入藏传茶的历史。藏谚云：“茶是血，茶是肉，茶是生命。”藏民认为茶叶是很贵重的东西，所以《西藏图考》记载：“西藏婚姻……得以茶叶、衣服、牛羊肉若干为聘焉……人死吊唁，富者以哈达问，并献茶酒。”今天，行走在唐蕃古道上，仍旧能闻到茶的醇香，这里的人们一天都离不开当地的酥油奶茶。

唐中宗景龙四年（710 年），金城公主嫁吐蕃赞普弃隶缩赞。相对文成公主而言，金城公主在吐蕃留下的史料及传说较少，但她对唐蕃关系做出的贡献不容忽视，特别是她促进了唐茶文化在藏区的传播。唐玄宗开元年间（713—741 年），大唐与吐蕃王朝之间的茶马互市逐渐演变成为以茶易马或以马换茶的历史友好贸易。这个时期，泾阳属关内道京兆府，是丝绸之路南茶北运重要的中转码头。

如果要把茶马古道放在历史的语境中分析，有一个不可忽视的重要前提就是唐朝的首都长安,它是历史事件发生的源头。现在，我们通常讲的茶马古道主要指的是这三条——陕甘茶马古道、陕康藏茶马古道与滇藏茶马古道，而其他的茶马古道大多是在这三条古道的基础上延伸发展而来的。由此我们也可以说，唐蕃古道就是茶马古道的前身，它通过农耕地区的茶换取游牧地区的马匹等，通过这种贸易方式，中原王朝把茶叶传播到少数民族地区。

唐德宗建中元年（780 年），中国茶学界的一部经典专业著作——《茶经》问世，作者陆羽亦因《茶经》一书闻名于世，被尊称为“茶圣”“茶神”。《茶经》7000 余字，是中国历史也是世界历史上第一部系统研习茶文化的著作，堪称一部茶文化的百科全书。《茶经》共分为上、中、下三卷，其中包含了茶之源、茶之具、茶之造、茶之器、茶之煮、茶之饮、茶之事、茶之出、茶之略、茶之图等十章内容。了解陆羽与《茶经》，有助于我们对中国茶文化及其体系有进一步的认知。

陆羽的一生传奇悲苦，这或许也是他愿意于茶中寻找心中宁静的一个原因。相传，陆羽年幼时因为相貌奇丑而被父母抛弃，后被竟陵龙盖寺的住持智积禅师带回寺中抚养。回到寺中后，智积禅师以《易》占卦辞——“鸿渐于陆，其羽可用为仪”，就给他取姓为“陆”，取名为“羽”，取字为“鸿渐”。

在龙盖寺中，陆羽渐渐长大。智积禅师不仅是一位颇负盛名的饱学之士，而且喜好烹茶，茶艺甚是了得。在他的悉心教导下，陆羽不但认识了好多字，而且慢慢地学会了烹茶。

寺院教育培养了陆羽良好的品格，但佛门的清净苦寂并没

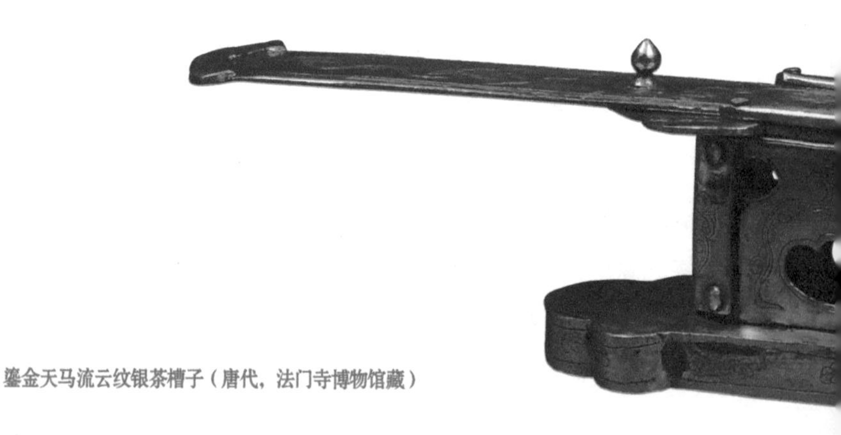

鎏金天马流云纹银茶槽子（唐代，法门寺博物馆藏）

有让陆羽服膺。他并不愿意皈依佛门，而是志向于儒学。9 岁时，因为智积禅师让他抄写佛经，陆羽竟然反问师父：“儒家讲‘不孝有三，无后为大’，出家人死后无嗣，这能说是孝吗？”对于这个小小年纪便如此桀骜不驯、无视尊长的弟子，智积禅师以打扫卫生、背瓦牧牛等繁重杂活惩戒，期望他能幡然悔悟。然而，事与愿违，陆羽的求知欲望更为强烈。这一度又使他被幽禁于寺中。12 岁那年，陆羽逃出寺庙，后入戏班为伶人。虽说陆羽天生有些口吃，但机敏与幽默却还是让他展现出难得的表演才华。

唐天宝五载（746 年），陆羽在一次演出活动中与竟陵太守李齐物相识。李齐物欣赏其才华与抱负，随即赠予诗书，并推荐他到火门山的邹老夫子处研习深造。天宝六至十载 (747—751 年），少年陆羽在此度过近 5 年光阴，完成了系统的“经典”学业。

天宝十一载（752 年），陆羽作别火门山，又与不久前被贬谪为竟陵司马的崔国辅巧遇。两人一见如故，随即同游四方，品鉴茶水，吟诗论文。天宝十三载（754 年），陆羽出行考察茶事，崔国辅赠以牛、驴、书函等物。陆羽先后游历了湖南、安徽、江苏、浙江等地区，对这些地方的茶与水一一进行了品鉴，记录下大量第一手资料，为撰写《茶经》奠定了基础。上元元年（760 年），在忘年交诗僧皎然的帮助下，陆羽在风景秀丽的苕溪（浙江八大水系之一）之滨开始了他的隐居生活——潜心创作《茶经》。至德、乾元（756—760 年）前后，《茶经》成书。

《茶经》之前，茶没有被专门研究过，饮茶的程序也没有被系统化过，关于茶文化只有零散的一些文献有过记载。到陆羽生活的年代，饮茶之风盛行，这也是《茶经》得以问世的时代背景，毕竟专门以茶为研究对象的专著的出现，本身就是茶事兴盛的一种表现。

据查，陆羽撰述《茶经》期间，唐朝对于“荼”与“茶”

是并用的。陆羽在写作中，没有用“荼”字，而是坚持选用了“茶”字，最后脱稿付梓的书名《茶经》也对“茶”字的推广起了非常重要的作用。《茶经》面世50多年后，“荼”字最终被唐代文坛抛弃，“茶”字从此流传开来。

《茶经》所记，全是唐代的真实情况。“茶之源”主要概括性地讲述了中国主要产茶区的土壤、气候、种植及生长环境和茶的性能、功用等。“茶之具”讲采茶和制作、加工茶叶的工具。这一章中第一次出现了“茶人”这个词，那时的茶人指的是采茶的人，与今天的茶人不同（今天的茶人泛指精于茶道或制茶之人）。“茶之造”讲了制茶的过程。“茶之器”主要讲煮茶、饮茶所用的各种器皿，共计20多种，同时还对唐代各地瓷器予以精要点评，是中国茶具史上最早最完整的记录。这里，陆羽把“茶之具”“茶之器”分得很清楚。“茶之煮”讲的是煮茶的技艺及过程。“茶之饮”讲如何饮茶、品茶及鉴赏茶。“茶之事”讲的是中国茶饮文化的历史。“茶之出”详细地描述了唐代主要产茶的地区与情形，并对这些区域的茶进行了具体的评价。“茶之略”讲的是在什么情况下可以省略茶叶采制工具和饮茶用器。“茶之图”是前九章内容的图谱，看图识《茶经》，一目了然。据考证，古时家用屏风多以四或六幅为主，陆羽所述之图可以是挂于墙壁的挂图，也可以做成屏风放置家中。可以肯定地说，陆羽为写《茶经》，参与了茶叶

鎏金飞天仙鹤纹银茶罗子（唐代，法门寺博物馆藏）

种植、生产制造的全过程。

由于幼年深受佛教文化熏陶，后又研习儒家经典，广交博学之士，所以在写作《茶经》的过程中，陆羽有意识地融入了儒释道的精神。他提倡茶饮要有审美的追求，这种超越性的追求或精神，与传统的儒释道精神非常接近。陆羽为后世喝茶立下了规矩，也是饮茶之道的法门。唐朝以后的1000多年中，中国人乃至世界所有饮茶人的审美取向都受到了他的影响。

唐贞元十九年（804年），一代茶圣陆羽在浙江湖州苕溪之滨的青塘别业去世。陆羽一生始终与茶相守，过着闲云野鹤般的自由生活，他的高寿或许正得益于此。

唐宣宗大中十年（856年），杨晔所撰《膳夫经手录》成书，书中记载的“渠江薄片”运至湖北江陵、襄阳一带销售，后进入都城长安，成为宫廷贡茶。唐至五代十国时期，“渠江薄片”为十大茗品之一。可见，安化一带的“渠江薄片”在唐代已享誉九州了。五代时期的毛文锡《茶谱》中记载“渠江薄片，一斤八十枚”“其色如铁，而芳香异常”，说明“渠江薄片”这种茶为黑褐色，但那时还没有黑茶这个叫法。

北宋至道三年（997年），泾阳区域属于陕西路京兆府泾阳县、耀州云阳县管辖。宋代是茶文化高度发达的一个朝代，上至宫廷，下至乡间小庐，饮茶、斗茶达到了登峰造极的地步，其细腻讲究无可比拟。中国茶文化在宋代达到空前的鼎盛，泾阳在这个时期仍是南茶北运的重要加工与运输基地。

民间传说，在宋神宗熙宁年间（1068—1077年），有泾阳茶商将南茶运至泾阳，在泾河码头搬运时，装入竹篾篓的茶包掉到泾河里面，捞起后改成小包入库。时隔不久，茶工打包检查时，发现掉入泾河的茶叶片上出现了许多米状黄色斑点，闻后却并没有发现霉变的味道，有人煮泡以饮，茶汤平稳醇厚，后味带甜，夹杂着茯苓的草药味。之后，发花的茶得到边区民众的认可，泾阳茶商逐渐开始摸索制作能“发霉”的茶。这虽然是一个传说，没有可考的依据，但从另一个侧面可以看出，泾阳是南茶北销的重要中转基地与加工基地。

熙宁五年（1072年），宋置永兴军路，泾阳属永兴军路京兆府泾阳县、耀州云阳县。据载，在北宋神宗熙宁年间（1068—1077年）就有黑茶了，但那时的黑茶与今天的黑茶不同，指的是由四川绿毛茶“做色”后变成的黑毛茶。这种茶的做法是将绿毛茶堆积20天左右，使茶叶颜色变成油黑色。四川黑毛茶的制作原理与湖南安化制作黑茶的揉捻工序基本一致。由此，我们可以追溯出，安化黑茶揉捻的工序是由四川而来的。安化茶人在此道工序上将干毛茶揉捻后湿化，这样就加速了毛茶的变化，同时也缩短了它的发酵时间。

宋代茶文化高度发达，出现了蔡襄《茶录》、宋子安《东溪试茶录》、黄儒《品茶要录》及宋徽宗赵佶《大观茶论》等一批茶学著作，在中国茶文化的发展史上有着非常重要的地位。

日本镰仓时代的高僧荣西和尚在1214年游宋归国后写了一本《吃茶养生记》，从饮茶的功效到茶叶制法，书中一一做了介绍。这是日本第一本关于茶的专著，堪称“世界第二部《茶经》”。20世纪初叶，美国人威廉·乌克斯撰写了一本《茶叶全书》，被称为“世界第三部《茶经》”。世界三大茶叶经典著作中，后两本可以看作是后世茶人对陆羽《茶经》的补充与延伸，这也是《茶经》对世界茶文化的一种影响。《茶叶全书》的作者威廉·乌克斯在书中说："中国人对茶叶问题，并不轻易与外国人交换意见，更不泄露生产制造方法。直至《茶经》问世，始将其真情完全表达。"

元皇庆元年（1312 年），泾阳属陕西等处行中书省奉元路。元英宗至治期间 (1321—1323 年)，全国划分为 13 个一级行政区：1 个中书省、1 个宣政院辖地 、11 个行中书省。其中，四川与陕西并为陕西四川行省，属于 11 个行中书省中的一个。其间，汉藏官员、商人来往密切。陕商自文成公主入藏传茶后，再一次抓住了这次历史机遇，进一步在唐蕃古道上促进并繁荣了茶马贸易与文化交流。

沈德符在《野获编补遗》中记载：明朱元璋时代，诏令"罢造龙团，惟采芽茶以进"，从此茶叶生产以团饼为主转为以散茶为主。同时国家强化茶政茶法，延续宋代政策，设立茶马司，专营"茶马互市"。

茶马互市是古代中原王朝和游牧部族以茶、马匹等主要物资互相交换的一种贸易方式。茶马互市不但促进了区域经济的发展，还为化解战争起到了关键作用。

明初，陕甘茶马古道形成。明朝建立不久，为了增强国防力量，需要大量优良的战马。从明洪武五年（1372 年）开始，在秦州、洮州等青藏高原的入口处设立了掌管以茶易马的茶马司（官署），负责在陕西今紫阳茶区、四川保宁一代收购茶叶，去西南地区换取优质的战马。

陕甘茶马古道以陕西的紫阳为起点，到汉中后经“验收”，分两路走向青藏地区：一路经勉县、略阳，出陕西经甘肃西，最后抵达洮州，这条道被称为“汉洮道”；一路则是过留坝、凤县、两当，最后到达秦州，这条道被称为“秦汉道”。秦汉道在天水又分为两道：一条直接去往西藏草原地区，一条则通向宁夏、兰州方向。可见，陕甘茶马古道延伸、覆盖面积很大，是当时东西茶马贸易最重要的商道之一，同时也为陕西在中国茶叶史上留下浓墨重彩的一笔。

除了陕甘茶马古道，另外一条著名的茶马古道——陕康藏茶马古道也是从陕西出发的。陕甘茶马古道之后，明朝政府又开通了陕康藏茶马古道。这条古道从今天西安地区出发，主要分为六路，六路全部汇集到汉中，再从汉中出发到达康定（明洪武二十六年即 1393 年，在康定设立茶马司）。康定不但有西安来的茶叶与茶商，还有很多来自西藏的茶商，一度成为陕康藏茶马古道最重要的茶马交易枢纽站。后来，在陕康藏茶马古道的基础上，又延伸发展出了一条新的茶马古道——川藏茶马古道。川藏茶马古道从产茶区雅安起始，经康定到拉萨，再中转到不丹、尼泊尔和印度。可以说，这条古道是古代内地与西藏联系的重要桥梁。

茯茶

嘉靖三年（1524 年），御史陈讲疏在奏疏中提到了黑茶："商茶低仍，悉征黑茶，产地有限……"这是关于黑茶较早的历史文献资料。另外，《明史·食货志》也有相关的记载："神宗万历十三年中茶易马，惟汉中保宁，而湖南产茶，其直贱，商人率越境私贩私茶。"茶史上关于黑茶的记载资料很多，但黑茶真正走上朝堂，应该是在明神宗万历二十三年（1595 年）。这一年，御史徐侨上了一道折子，说湖南黑茶产量高，价格合适，相形之下，产量少、价钱高的四川黑茶，实在难以满足边区的贸易。明神宗权衡再三，同意了徐侨的奏疏。从此，湖南黑茶也成了名副其实的“官茶”。

明代戏曲家、文学家汤显祖曾在《茶马》一诗中写出了黑茶的贵重，也记录下了以茶易马的互市时代：“黑茶一何美？羌马一何殊？……羌马与黄茶，胡马求金珠。”

据《明史·茶法》称，用陕西汉中茶300万斤，可换马3万匹。也就是说，100斤茶可以换1匹马，可见当时的茶很贵重。湖南黑茶从水路或陆路运输到陕西泾阳，在泾阳压制成砖，运到甘肃的兰州，然后再逐步开始运销。这一条运销线路穿越了

黑毛茶

河西走廊一带，经过茶盐交易，兑换兽皮，可以说各取所需。

现代意义上的黑茶，即黑毛茶加工后的黑茶成品，是在清康熙五十九年（1720年）前后出现的。清雍正年间（1723—1735年），泾阳见证了茶马交易制度的兴盛，这里茶号多达86家。这期间，泾阳出现了湖南、山西和陕西人共同经营茶市的和睦局面，泾阳茯茶在这个阶段形成了非常大的规模，“泾阳砖”作为重要的边销茶颇为盛行。道光元年（1821年）之前，陕西茶商专门有人在湖南安化、益阳等地长期驻守，也有茶商汇款到湖南订购黑毛茶原料。有时，“滚包商”（陕西商人驻益阳委托行栈汇款到安化订购黑茶，或以羊毛、皮袄换购，因资金较少进货不多，人称“滚包商”）因资金短缺，就用羊毛、皮袄换购黑毛茶。由此可见，泾阳茯茶在当时十分抢手。

在明清中国商界，陕西的商人被称为“陕棒槌”。陕西人性情爽直，做事喜欢直来直去，从不二价，外界概括为“忠、义、仁、勇”，十分符合陕西人的性格特点。陕商的“陕棒槌”与徽商的“徽骆驼”、晋商的“晋算盘”同获明清中国商界三大良商的文化符号表征，从而表明陕商作为当时商界劲旅的历史地位。

明清的茶马交易是在茶马古道贸易的基础上进一步整合资源而来，陕商抓住了这个机会。借助泾阳地区水陆交通要道的优势，泾阳成了茯茶再加工和运输的重镇。泾阳在明清两朝间，一直保持着西部“经济中心”的优势地位。

清晚期，左宗棠任陕甘总督之前曾在湖南安化茶镇小淹陶澍的家中教书，与陶澍属于忘年之交，后结为儿女亲家。左宗棠在安化的这段经历让他对这里的黑茶非常熟悉。陶澍是道光时期的重臣，他对家乡安化有着很深的感情。因为唐代陆羽没有在《茶经》中记载安化茶，他曾说“俗子诩《茶经》，略置不加省”。这种愤懑与不平，恰好说明了陶澍对家乡茶有着深情与厚爱。陶澍在茶会或雅集中多次推荐、作诗吟诵过安化茶。可见，他视黑茶为安化的骄傲。

陕西、甘肃是采购湖南安化黑茶的主要区域，于是与陶澍有着千丝万缕联系的湖南籍陕甘总督左宗棠上书朝廷，在奏折上写道：

国家按引收课，东南唯盐，西北唯茶。茶务虽课额甚微，不足与盐务相比，然以引课有无为官私之别，与盐务固无异也。道光年间，两江盐务废弛，先臣陶澍力排众议，于淮北奏改盐票，鹾纲顿起，且有溢额；曾国藩克复金陵，犹赖票盐为入款第一大宗，其明验也。盐可改票，茶何不可？……今拟仿淮盐之例，以票代引。

以上内容是左宗棠看到茶引制到了不得不改革的地步，于是援引原两江总督陶澍在官盐经营方面的盐票法，要在茶叶的经营方面借鉴他的儿女亲家陶澍的盐票制度，革除以往茶政之弊。左宗棠的茶票制度建议得到朝廷准许后，于 1873 年“改引为票，增设南柜”。

左宗棠改“茶引”为“茶票”，为了鼓励茶商运销茶叶，安抚边疆民众，他规定，凡是持有陕甘茶课的茶商，运茶过境只纳 20% 的税，陕甘总督府负责补贴余下的税。左宗棠的减税改革措施深受茶商欢迎，大大激发了茶商的积极性。1873 年，陕甘总督府试发行 835 张茶票，很快被茶商一抢而空。1875 年，再发 1462 张茶票，茶商领票后直接到湖南安化等地购茶。时在新疆的左宗棠亲历并见证了陶澍家乡黑茶发展的鼎盛时期，尽管此时陶澍已作古 40 余年。这一阶段，湖南 10 多家茶商（称“南柜”）相继在泾阳开业制茶，泾阳茶业由此迎来最为兴盛的黄金时代。

1900 年，“老佛爷”慈禧太后携光绪皇帝逃居西安时，泾阳当地经营官茶的安吴寡妇周莹将本地压制的泾阳茯茶敬献于她。时至今日，陕西民间仍然有不少关于周莹的故事在流传。今泾阳博物馆所在地泾阳县文庙，就是周莹捐白银 4 万两，于光绪十一年（1885 年）重修的。

1914 年，泾阳属陕西关中道，此时境内的茶业商号有 22 家，除陕西省内，甘肃民勤县等地也设有分号，专门经营泾阳茯茶。

泾阳的地理位置与独特的茯茶加工工艺，可以说占尽了天时地利人和。泾阳位于泾河下游之北、北仲山之南，属于典型

陝西官茶票

陝西財政廳 為

發給官茶票以便採運而維茶務事照得銷陝湖茶向係由陝發票招商承領現應仍照舊章辦理每票以伍拾道為單每道以捌拾觔為限領票一張繳納票費銀洋壹百伍拾元其將稅一項按照新訂章程由入境首局一次收清完稅之後無論行銷本省何處概不重徵茲據商人益生源 請領陝官茶票伍拾道計茶肆千觔除票費繳清外合亟發給票據為此仰各地方徵收機關一體遵照如該商到境查明票內運茶數目相符稅款繳清即蓋戳放行不得留難阻滯倘敢故違准該商呈明究辦惟該商票貨仍照章不得相離如有茶無票即以私論將茶充公變價此票應於運銷地點由當地局將其蓋戳銷各宜凜遵毋違須至茶票者

右票給商人益生源 准此

中華民國廿七年　月　日

廳長王德溥

民国时期的“陕西官茶票”

山南水北为阳的地理位置，一年四季有着非常充沛的日光。这也对应了陆羽在《茶经·三之造》中所说的“晴，采之，蒸之，捣之，拍之，焙之，穿之，封之，茶之干矣”的制茶工艺所需要的丰富日照。泾阳与古都咸阳、长安毗邻，自古又是丝绸之路的必经之路，南来之茶，在这块古为京畿要地、三辅名区，今又有中国大地“原点之城”“关中白菜心”之誉的泾阳有了第二次神秘的生长与发育。

古语说：“有心栽花花不开，无心插柳柳成荫。”南来之茶在泾阳独特工艺制作的过程中有了二次发酵，经过一道道繁复不可缺少的程序，在此地生长并繁殖了一种有益菌，这种菌学名冠突散囊菌，俗称为“金花”，很大程度地改变了原茶的品质和风味，形成了别具一格的风采与功效，深受北方边疆饮茶民众之喜爱。发花的泾阳茯茶准确的制造时间现在已无可考，但在中国六大茶类中，它是黑茶中最早自然生长出这种“金花菌”的一种茶，这种自然、有益的菌种在上千种茶品系列中独一无二。

追寻陕西茯茶本来就是向老秦人致敬的一次精神之旅。在当下的关中，煮一壶老茯茶，畅谈古今无阻。茯茶的故事，就是泾阳乃至整个秦地最值得叙说的文化故事之一。

进入 21 世纪，公众对包括茯茶在内的黑茶认知度与认可度都不断提高，黑茶的价格也随之水涨船高，而厚道的陕西人一直坚守着做老百姓喝得起且安全的茯茶的理念。饮茶与茶价本来没有多少关系，当我们真正与茶味相遇，一口茶，便也是与一方水土一方人的遇合。喝一口安全、健康的茶，远比喝一口价格昂贵的茶更重要！这是好茶之道，也是我们在泾阳追寻到的茯茶的最初样貌。

茶如“上善之水”，在茶汤里感受到土壤、阳光和水所赋予它的自然风味，进而达到养身、养心之境，这或许就是中国人的茶道境界。

安化黑茶的意外收获

安化茶最早出现在唐宣宗大中十年（856年）。当时有个叫杨晔的人写了一本《膳夫经手录》，书中提到“渠江薄片”；之前，陆羽在《茶经》中提到的蒸压穿焙的小片紧压茶，可能就是早期的安化茶。五代毛文锡在《茶谱》中提到，潭（长沙）邵（邵阳）之间的渠江茶颜色如铁，气味芳香。可见，茶色如铁的渠江薄片早在唐、五代时期已经开始流行了。

安化茶属黑茶类，中国黑茶因产区和工艺上的差别有湖南黑茶、湖北老青茶、四川边茶和滇桂黑茶之分。湖南安化是中国黑茶重要的发源地之一，黑茶因产自安化而得名，安化又因黑茶而驰名。1972年，马王堆汉墓里出土有“竹笥”，内有黑色颗粒状实物，考古人员难以辨别，后来专家通过显微镜切片观察，最终确认为茶。经相关专家从多方面证明，出土自西汉初期的马王堆墓里的茶叶带有湖南安化一带茶叶和制作工艺的特征。

安化古称“梅山”，是梅山文化的发祥地。瑶族、苗族的民众奉蚩尤为祖先，居住在星罗棋布的被称为“洞”的民族村落，过着逍遥自在的渔猎生活。据考证，安化得名之前，生活在这里的民众粗野横蛮，不受当时朝廷的管制，被称为“梅山峒蛮”。北宋熙宁五年（1072年），时任湖南、湖北察访使的章惇收梅山，安化置县，取意“归安德化”。元祐三年（1088年），在资江滨设立了茶场制茶。1368年前后，陕西商人抓住政府在陕西实行“茶马交易”的政策机遇，输茶于陇青（甘肃、青海），逐步垄断了西北边茶贸易，把安化的茶运至陕西，再从陕西运往西北地区销售。在运输的过程中，因茶叶蓬松而不便，陕西茶商在泾阳把茶叶制成砖块后，再运往销售地。这就是早期泾阳的砖茶。

唐至明代，制茶时是有茶膏的。蒸茶时，害怕茶膏流失，便以珍膏涂抹在茶面上。因为茶膏色泽不同，就会出现各种茶色，黑色是其中的一种茶色。但那时的黑茶不是今天意义上的黑茶。明《月团茶歌·序》中说：“唐人制茶碾末，以酥滫为团，宋世尤精，胡元入中国其法遂绝。”印证了唐宋时期制茶之精。

精美茶器

明洪武二十四年（1391 年），安化芽茶被定为贡茶，规定安化每年贡芽茶 22 斤。

明代的《明会典·茶课》中有相关记载，“令今后进贡蕃僧该赏食茶……不许于湖广等处收买私茶，违者尽数入官”。

明世宗嘉靖三年（1524 年），“黑茶”这一名称正式出现在历史文献中：“商茶低伪，悉征黑茶，产地有限……”《明史》卷八十一《食货志》中有一御史疏奏：“……茶商低伪，悉征黑茶，第为上、中二品，印烙篾上出商名而考之。”

明万历二十三年（1595 年），御史徐侨奏称“湖茶之行，无妨汉中，汉茶味甘而薄，湖茶味苦，于酥酪为宜”。湖南茶人应该感谢明朝的徐侨，他认为湖南黑茶比四川、汉中的茶更适合西北少数民族的口味。万历皇帝后来批准了徐侨的谏言，以汉、川茶为主，湖南茶为辅，湖南茶从此也成了运销于西北的引茶。

至此，安化黑茶终于成为官茶。在安化黑茶被正式定为官茶后，西北茶商重点转移至安化采购茶叶，安化黑茶很快就占领了整个西北市场。由此，安化黑茶逐渐取代了四川、汉中的边茶，四川引票锐减，可见湖南黑茶在当时影响很大。

湖南安化黑茶成为官茶以后，生产规模逐渐扩大。成茶后通过水路运往老河口，在老河口上岸后改用马帮驮到泾阳。在泾阳压成砖茶后，运销至甘肃、西藏、新疆、青海等地，泾阳的砖茶其实是沿着古丝绸之路与茶马古道的路线进行运销。

明清时期的安化县有江南、黄沙坪、东坪、小淹、苞芷园、西州、边江、鸦雀坪等八大茶镇，仅小淹镇至东坪资江沿岸就拥有30多个茶商专用的码头、300多家茶号、10万多名茶工。明清时，仅黄沙坪就有茶行35家，鼎盛时达52家之多。清代安化知县刘翎忠咏黄沙坪盛况："茶市斯为最，人烟两岸稠。"这首诗真实地记录了当时茶业的繁荣场面。

据赵尔巽主编的《清史稿》记载，清初茶法沿袭明代，官茶由茶商自陕西领"引"纳税，带引赴湖南益阳等地采买，每引正茶50公斤，准带附茶7公斤。"顺治初年，定易马例，每茶一篦，重十斤，上马给十二篦，中马九篦，下马七篦。"泾阳砖每封旧秤五斤，每二封装一篦篓，称为"一篦"，此与上列记载相吻合，这应该是最接近泾阳砖的相关文字的记载。

清康熙《湖广通志》记载："长沙府出茶，名安化茶。"《泾阳县志》中也有相关记载："清雍正年间，泾邑系商贾辐辏之区。"这是安化黑茶和泾阳茯茶最好的时代。其间，泾阳经营泾阳茯茶的商号有裕兴重、恒昌堂、昶胜店、泰合诚、元顺店、庆余店、茂盛店、天泰店、万兴生、祥盛永、福茂盛、协和源、协信昌、天泰运、义聚隆、合盛行、德泰行、周泰和、天泰生、天泰通、乾厚意、乾益成、积成店等，计86家之多，每年这些商号每家大约销300 ~ 500吨的茯茶。当时泾阳茯茶

茶包及茶刀

除销往少数民族居多的边疆各地外，还远销俄国、波斯等国家。泾阳茯茶一度驰名海内外,不管是贵族还是普通百姓都喜欢喝。至今，在一些边疆地区还流传着“宁可三日无食，不可一日无茶”的说法。

1959 年，安化县羊角塘镇苞芷园一家张姓的茶园里，还保存着清雍正八年（1730 年）的一块黑茶禁碑。禁碑中有“禁

参杂使假茶，禁外路茶冒充安化茶”等八条内容。

湖南安化何时大规模开始生产黑茶，现在已经无法准确考证了。安化黑茶如果从苞芷园算起，至今也有近 300 年的历史了。

清人卢坤在《秦疆治略》中记载：“泾阳县官茶进关，运至茶店，另行检做，转运西行，检茶之人，亦有万余。”可以

茯砖

想见当时泾阳县境内茶行、茶作坊及茶商号林立，一派繁荣景象。乾隆之后，“茶马互市”作为一种重要贸易制度逐渐退出了历史的舞台，“边茶贸易”制度取而代之。道光元年（1821年），陕西茶商雇人下乡采办茶叶原料，将采收回来的黑茶原料捆成包，这种成包的黑茶被称为“澧河茶”。随后又对茶包做了改进，将重量 100 两散黑茶踩压捆绑成小圆柱形的“百两茶”，从安化运回泾阳。

清代《丹凤三字经》描写当时的情形是:“骡子帮,铃声响,分两路,运输忙。北路帮,出潼关;西路帮,经西安。两湖茶,入陇甘,再炮制,成砖茶。往西运,向北转,出国境,销路宽。”每年的产茶季,大量的陕西茶商便从湖南安化一带收购黑毛茶。仅道光元年(1821年),安化黑毛茶销量就达4000吨,其中50%以上被运至陕西泾阳加工为“茯砖茶”。

曾任安化茶叶协会首任会长的伍湘安先生说:“安化就得种茶。这里到处都是山,没有办法种庄稼。”安化县地处湘中偏北,素有“山奇、水碧、洞幽、林茂、茶丰”的美誉,境内峰峦挺拔,溪流纵横,山高林密,茶树“山崖水畔,不种自生”。安化山水宜茶,有着丰富的矿物质,有机质含量非常高,天生适宜于茶树的自然生长,是世界上公认的优质茶系生长带。安化黑茶的核心产地有云台山、芙蓉山和高马二溪,三足鼎立,而云台山是安化黑茶大叶种茶树的发源地,这种茶树是安化一带最为珍贵的茶树之一。大叶茶树是云台山的野生品种,也是茶树品系中育种的优良资源,十分罕见。这也是安化作为中国重要茶区的地方性特征。据说,高马二溪村片区发现的一棵古茶树,经湖南省茶叶研究所专家鉴定,树龄已有400多年。

茶行有句谚语:“三分原料七分工艺。”

安化的黑茶到了陕西泾阳,在特定的环境、气候、工艺下,生出神秘的“金花”。从古至今,陕西的茯茶大多是以湖南安化的优质黑毛茶为原料的。制茶让叶子的生命有计划地延续，并最好地保留了色、香、味。炒茶对水的要求较高。泾阳水资源很丰富，水携带盐、碱，最适合炒茶，这是陕西人对茯茶的一大贡献。叶子失去了一部分水，而另外一部分水又稳住了叶子的最佳状态，不同的水会赋予它新的生命。泾阳的地下水非常适合炒茶。泾阳水的 pH 值为 6 ～ 8.5，与酸性特征的黑茶相遇后极易发酵，然后产生了对人体有益的金花。民国《陕行汇刊》中记载，炒茶“所用水为井水，味咸，虽不能做饮料，而炒茶则特殊，昔经多人移地试验皆不成功，故今仍在泾阳”。而泾阳人在制作茯茶时炒茶所用的搅拌木棍及捶茶的茶锤，大多选用果木比如枣木等材料；炒茶时所用的燃料也是干透的果木或松木。而在煮茯茶时，茶叶在高温的水中被完全唤醒、复活，这时的茶叶不再只是茶叶了，水也不再只是水了，茶汁在茶叶与水的相互交融中诞生，茶与水脱胎换骨成新的生命——茶汤。

几百年来，泾阳人用独特的泾阳水与纯熟的技艺，经过 20 多道工序，使黑毛茶自行发花，创制出了独具泾阳特色的茯茶。

从安化运黑毛茶到泾阳，在泾阳加工制成砖，再运往兰州，然后转销西北各地。明清时期的陕西商人在这条路上，足足走了 500 余年。压得厚实坚硬的泾阳茯茶如厚实的陕西人一样，从明末清初一直到民国都始终扎根在西北的茶市场。有一首《湟中竹枝词》是这样来形容陕西商人做生意的："匹马单骡车是圈，黄烟东去布西旋。高坡欲不先麻脚，加套扶轮曳岭巅。"茯茶市场的繁荣，也让陕西商帮有了发展与兴盛的机会。明清两朝，陕西商帮在各地都建有宏伟的会馆。可以说，在陕商历史贸易中，茯茶占有一席之地。

在泾阳茯茶的黄金时代，每年生产 4100 万斤以上，这些茯茶由马帮、驼队运往西北各地。每次运茶，马帮、驼队络绎不绝，成为当时泾阳的一大景观。火车通行后，由益阳换大帆船运至汉口，沿平汉路至河北正定，转正太路至太原；陕引、甘引至河南郑州，转陇海路车到西安、咸阳，甘引再换汽车或马车至泾阳；在泾阳压制成砖，每砖重五斤（连纸包五斤四两），为一封，装兰州包，每包四十八封，再运往兰州。

清末泾阳经营茯茶的吴家生意兴隆时，民间有这样一句话："吴家伙计走州过县，不吃别家的饭，不住别家的店。""安吴寡妇"周莹执掌吴家时，一跃成为当时陕西的女首富。

1914 年，第一次世界大战爆发，俄国国内战争爆发，茶商损失无法计算，在亚欧大陆上繁荣了 200 年的茶叶之路被迫中断。

在抗战前，泾阳设在湖南的茶厂有 60 多家；抗战全面爆发后，随着武汉的沦陷，泾阳在湖南的茶厂仅剩天泰、裕兴重、延顺、裕民、昌盛等八家。湖南至西北地区的交通断绝，西北市场砖茶奇缺，而湖南黑茶“引茶”积压量很大。社会的动荡与时局的混乱，加之交通梗阻，陕西的茶商无力去湖南安化采购茶料。幸运的是，被称为“安化黑茶理论之父”的彭先泽先生早年曾留学日本，回国后经多次试验，于1940年3月在安化成功压制出了第一块黑茶砖，终止了“在安化不能压砖”的历史，由此改变了安化只为边销黑茶提供茶叶原料的历史，有力推进了黑茶的发展。1942年，中国茶业公司湖南砖茶厂与安化江南砖茶厂都曾试压制过茯茶，因不能发花或发花不好，均未获得成功。这也印证了茯茶离了泾阳人的技术和泾河水、关中气候不能制茶的说法。1947年，湖南砖茶厂及华湘茶厂也恢复生

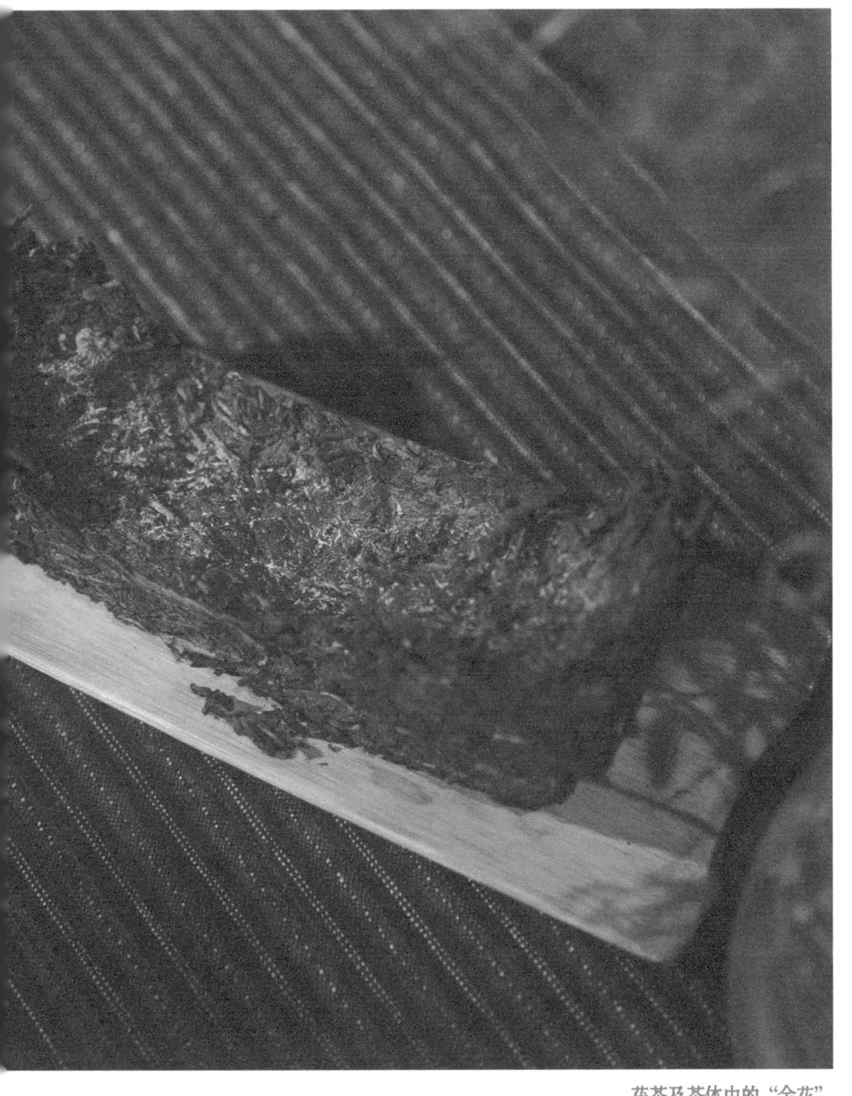

茯茶及茶体中的“金花”

产黑茶砖，部分私商也有生产，不分等级，都被称为“八字砖茶”。

1951年，泾阳辖区的茶厂统归于泾阳人民茯砖加工厂，加工生产的茯茶商标统一为“人民牌”。

1953年，湖南方面邀请了三名有经验的陕西茶工与武汉大学生物系共同努力，终于生产出了第一块发花的茯茶，但由于气候和水质的不同，湖南茯茶发的花，品相与品质都比不上陕西泾阳本地压制的茯茶。

1958年，全国供销合作总社茶叶局考虑到在泾阳生产茯茶，会因为二次运输造成成本偏高等诸多问题，便关闭了陕西泾阳茯砖厂，将压制生产茯茶的任务交由湖南省承担。

总体来看，20世纪50年代安化黑茶产量大幅缩水，以至于其后来在茶叶市场上默默无闻。

如果说，湖南安化提供的优质黑毛茶让泾阳压制出了中国第一块黑砖茶与第一块茯茶，在某种程度上，泾阳茯茶好比是从安化走出的子女，来到陕西，在泾阳被创作成了中国最好的茯茶!

茯茶就是陕与湘沟通的媒介。探寻茯茶的源头，也就是寻找秦楚的精神源头。寻找茯茶并不只是因为好奇，更是一次了解过往，一次复兴年代了解陕湘本心的“茶之旅”。

安化茶厂有一口历经240多年风雨的古钟，其上有清晰可见的文字：

冷信大清国山陕两省众商等捐资善铸洪钟一口重一千余斤，于湖南省长沙府安化县十三都桥口关帝庙永远供奉，乾隆贰拾捌年岁在癸未季春月孟旦。

晨钟暮鼓，是为了警醒世人，是为了让后人牢记这茶道与商道中的和谐友爱、诚实守信的美德。

“茯砖古茶，秦人所创。绵延四朝，戊戌移湘。历经半世，乙丑归宗。”曾任陕西省茶叶协会会长的李三原用这24个字总结了泾阳茯砖茶600多年盛衰起伏的传奇历史。

探秘『茯』与『砖』

中国茶按颜色分为六大类：绿、青、红、黄、白、黑。黑茶中最为人熟知的是普洱茶，其他黑茶因长期作为边销茶品，内地市场份额少，一直没有受到人们的普遍关注。

其实，黑茶品种繁多，安化黑茶是黑茶中最具有代表性的一类，而陕西茯茶又是走出安化最具代表的黑茶之一。

黑茶因为茶色油黑，故名。黑茶是后发酵茶，茯茶是黑茶中唯一能发“金花”的茶。茯茶属于蒸压茶之一，也是古代主要的边销茶之一。茯茶按照传统的加工工艺，要经过 20 多道工序方成，先是毛茶加工，再经过剁制、过箩、过筛、备水、熬茶釉、打吊（称茶）、炒茶、灌封、捶茶、扶梆子、锥封捆扎、检验、阴干、发花、烘干等，最后成品包装，工艺复杂，技术要求精益求精。传统的泾阳茯茶以封为单位，一封净重旧秤 5 斤，后改为 6 斤，用纸壳封装，尺寸大小为 35cm × 25cm × 4（4.5）cm，亦被称为“封茶”。

在茯茶加工过程中，因水、气温等条件，茶叶中生长出一种叫“冠突散囊菌”的斑点，呈金黄色颗粒，又称“金花”。西北少数民族认为金花的多少是衡量茯茶品质的主要标志之一。茯茶自出现以来，受欢迎的主要原因正在于这神秘的金花。

茯茶出现的时间约在明洪武元年（1368 年），准确时间现在已无可稽考。根据赵尔巽《清史稿》记载，顺治元年（1644 年），泾阳就在制作茯茶，可见茯茶出现的时间至少在此之前。

放大镜下的“金花”

茯茶经陕西的商人从湖南安化买来黑毛茶，转运到陕西泾阳筑压、发花而成，亦称“泾砖”、“茯砖”，也叫“茯砖茶”。

中国茶的取名极其讲究。茶叶的命名方法很多，有以出产地域为名的，如西湖龙井、太平猴魁、武夷岩茶、信阳毛尖等；有以季节为名的，如云南的春蕊、谷花茶，福建安溪的秋香等；有以流传故事命名的，如大红袍、水金龟等；有以形态特征命名的，如龙须、雀舌、瓜片等；有以茶树品种来命名的，如水仙、铁观音等；也有以茶叶不同的销路而命名的，如内销茶、外销茶、边销茶（一般把黑茶制成的紧压茶称为“边销茶”）等；还有以形状似砖块而命名的带有“砖”字的，如茯砖茶（即茯茶）、花砖茶、黑砖茶、青砖茶等。

在泾阳本地，很多人习惯将茯茶称为泾阳茯砖，那么，“茯”与“砖”字又是何意呢？

何谓“茯”？

大家普遍认为，茯茶是因为每年在三伏天压制，所以慢慢就叫成了“茯砖”。

有资料记载，1950年，安化砖茶厂王秋如先生来到陕西泾阳，对茯茶的加工进行了深入考察。通过了解当地的“元顺”“茂盛”“庆玉”“绩城”等茶厂，他写出了《浅谈泾阳砖茶》的调查报告。报告中指出，茯茶加工的季节有严格的规定和要求，“一般天热不压，天冷也不压”，最佳季节是春、秋两季。从节气上讲，伏天是夏天最热的时候，一般而言，伏天不加工茯茶，看来“茯茶”之名来源于伏天的说法还有待进一步考证。

当然也有人揣测，清代前期的边销茶须在兰州府缴纳三至五成砖茶作为税金，这批茶交给官府销售，故又被称为“府茶”，“府茶”音似“茯茶”；还有人说，“湖茶”经过老陕与西北民众流传以后，发音慢慢变为“茯茶”；还有一种说法，明万历年间（1573—1620年），川茶为官茶，湖南茶为官茶中的“辅

茯茶茶体

茶”，“辅茶”慢慢演变为“茯茶”。

也有人直接怀疑“茯茶”与中草药茯苓有关。我们都知道，茯苓是寄生在松树根部的菌类植物。《神农本草经》记载：“久服（茯苓）安魂养神，不饥延年。”魏晋时期，服食茯苓求长生一度成了社会风尚，因此茯苓被誉为中药“八珍”之一。那么，会不会在制作茯茶过程中添加了茯苓，因而获得一个“茯”名？于是，有人查阅了传统茯茶制作的详细过程，又了解了大量的中草药药性，意外地发现茯茶配料中并没有茯苓，却确实有茯苓的成分与药理功效。

传统的茯茶是用湖南安化黑毛茶制作而成的。安化黑毛茶的初制工序一直沿用传统手法，由于采摘的茶叶成熟度较高，杀青之前就有了独特的灌浆工艺，将清水喷洒在青叶上以增加含水量。黑毛茶经杀青、初揉、渥堆、复揉、干燥等五道工序制作而成。制作好的黑毛茶一般分为四级，高档茶较细嫩，低档茶较粗老。一级茶叶质较嫩，色泽黑润；二级茶色泽黑褐尚润；三级茶色呈紫油色或柳青色；四级茶叶宽大粗老，条松扁皱褶，色呈黄褐。湖南黑毛茶内质要求香味醇厚，带松烟香，无粗涩味，汤色橙黄，叶底黄褐。

黑毛茶揉捻的要求只是折叠成条即可，显见这是黑毛茶前身的大宗绿茶工艺的遗存。渥堆是黑毛茶工艺从大宗绿茶工艺中脱胎而出的独有工序，从早期小批量制作的木桶到如今的发酵室，一脉相承。直到发酵过后的茶叶散发出甜酒香，才算是大功告成。

安化黑毛茶的干燥方法，力主七星灶松柴，明火干燥，原理如同火炕一般，下面灶膛里燃烧松柴，借助所产生的热量炕干茶叶。松脂挥发的香味也与黑毛茶融汇在一起，由此黑毛茶有了松烟香，这其实与正山小种茶的“青楼”干燥有着异曲同工之妙，两者在历史上都与陕晋茶商密不可分。

黑毛茶在七星灶松柴明火干燥，茯茶又用黑毛茶制成。因此，泾阳茯茶喝到最后，会有一股浓郁的松香味。而松树根下，一年四季生长着茯苓，这大概就是茯茶中“茯”的精神凝结吧。

司马迁《史记·龟策列传》有云：“茯灵者，千岁松根也，食之不死。”宋代的陕西犹有茯苓，此前唐人吴融亦有言“太华峰头得最珍”，看来华山的茯苓应该是很优良的，且唐宋时一直都享有盛誉。

孙真人《枕中记》也说：“茯苓久服，百日病除，二百日昼夜不眠，二年役使鬼神，四年后玉女来侍。”茯苓真的有这么大的益处？张仲景《伤寒杂病论》和《金匮要略》有 30 余方使用茯苓，在有名的验方如五苓散、苓甘五味姜辛汤、茯苓泽泻汤、茵陈五苓散中，茯苓都是主药或者主药之一。

李时珍《本草纲目》说：“茯苓，《史记·龟策列传》作茯灵，盖松之神灵之气，伏结而成，故谓之伏灵，茯神也。俗作苓者，传写之误尔。下有伏灵，上有兔丝。故又名伏兔。”

布满“金花”的茯茶

《本草纲目·茯苓·集解》引韩保升曰：“所在大松处皆有，惟华山最多。生枯松树下，形块无定，以似龟、鸟形者为佳。”又引苏恭语曰：“第一出华山，形极粗大。”可见，华山茯苓为时人所重。

其实，唐宋时期，不止是华山，就是长安城南面的南山一带也多有茯苓，茯苓曾是陕西的名贵药材。但到了明代的时候，

关于陕西茯苓的记载却几乎不见于史籍。华山、终南山至今多松，而茯苓却杳然！

湖南的黑毛茶到了陕西以后，同样散发着松香味，味甘淡，有健脾、暖胃、安神的功效。也许，为思茯苓，也为替代消失的茯苓，于是陕西人就把诞生在泾阳的这款茶命名为“茯茶”。

何谓“砖”？

茯茶为什么要制成砖形？是为了方便运输吗？砖茶因形状像砖块，故称为“砖茶”。按中国茶类划分，砖茶是黑茶中的一种紧压茶，是把各种散茶经过再加工蒸压成一定形状而制成的茶。砖茶按原材料和制作工艺的不同，可分为黑砖茶、茯砖茶、花砖茶、青砖茶、米砖茶、康砖茶等。

《宋史·食货志·下五·茶上》载：“茶有二类，曰片茶，曰散茶，片茶蒸造，实卷模中串之。”这里所谓的“片茶”，系将茶叶蒸后压成饼状，这种做法是为了降低茶叶运费，便于长途运输，减少损耗。明代则是先将茶叶拣筛干净，再蒸汽加热，然后踩制成圆柱形的帽盒茶。由此，我们可以判断砖茶是由唐宋时期的饼茶演变而来，而明代的“帽盒茶”就是砖茶的前身。

清末诗人王漱岩在南洋博览会诗兴大发，写了一首《酒饼茶砖》：“龙江酒饼端宜颂，汉水茶砖待补经。陆羽不来中散去，六朝山色为谁青。”

《民国夏口县志》中还记载了兴商公司茶砖于1915年巴拿马“万国博览会”上获得金奖。

1939年第3期《茶讯》杂志上登载了王先环的文章《砖茶贸易今昔谈》，文中说到砖茶的历史：“砖茶的生产，始于唐、宋时代，古名饼茶。宋时的茶马政策，就是以中土的茶，换塞外的马，当时所说的茶，便是砖茶，其产地多在长江流域。”

宋代陶穀《清异录·玉蝉膏》记载："景德初，大理徐恪，有贻卿信铤子茶，茶面印文，曰玉蝉膏。又一种曰清风使。"茶文化专家傅宏镇先生据此认为，"挎茶为锭，即今砖茶也"。1206年，成吉思汗建立蒙古汗国。1229年，成吉思汗第三子窝阔台即汗位后，将他的次子阔端册封为西凉王，阔端的西凉府实际掌管着甘肃、西藏、青海、宁夏、陕西等地。阔端将内地运往西藏的茶引入蒙古军,蒙古军将这种茶一度带到了中亚、西亚甚至欧洲地区，这也是中国茶叶在欧洲的发端史。时至今日，中亚人民心目中最正宗的茶依然是从中国运来的"砖茶"。可见，宋末元初砖茶已经开始流行了。

茯茶的压制工序与黑、花两砖压制基本相同，主要不同之处在于厚度。茯茶的发花工艺是决定茯茶品质的关键。茯茶与别的砖茶压制标准不同,是为了满足冠突散囊菌对氧气的需要，促进该菌更好地生长，茯茶对砖体松紧度有特殊要求，并且需要保证一定的茶梗含量，这是为了增加砖身内的空隙，为金花提供充足的氧气，以利于金花的生发与繁殖。

另外，茯茶从茶砖模具退出后，先包装好，再送进烘房烘干。茶封"发花"时，要堆垛在用松木板或其他吸附性较强的木板上。茯茶的烘干时间比黑、花两砖至少要多一倍以上。

现在的茯茶的外形一般是长方体，呈砖状，大多规格为15.5cm×10.5cm×3.5cm。砖形作为茯茶的传统形态，使初喝茯茶的人感到有些棘手。其实茯茶是比较容易撬的紧压茶，一般用茶刀解茶。砖茶的侧面是很容易找到解茶突破口的，先用茶刀从茶砖的侧面边缘找一个缝隙插入，稍微用力将茶撬松。这个过程中，需注意插入的角度要和饼面保持平行，而且要尽量靠近茶饼的表面。撬松后拔出茶刀从相邻的地方再次插入茶砖，将之轻轻地撬起来。遇到压制很紧的茶砖，也可以用茶锥从表面慢慢剥离。

每个人都应该根据自己的体质选择适合自己的茶。选茶需要不断尝试，只有通过不断地“品”和“学”，才能选择好适合自己的茶。其中，茯茶当然是不可忽略的。

有人把茯茶称为茶中灵芝，这一点也不为过。茯茶本身就有茯苓的成分和功效，而茯苓又被誉为“国药君子”“道家仙粮”，故茯茶是名副其实的茶中灵芝。

茯茶中的矿物质元素主要集中在成熟的叶、茎、梗中，且矿物质元素含量比其他茶类高，茯茶所生发的金花也富含多种对人体有益的成分，保健效果独特。2008年，“茯砖茶制作技艺”被列入中国第二批国家级非物质文化遗产保护名录；2011年，“泾阳茯砖茶制作技艺”被列入陕西省第三批非物质文化遗产名录。

渥堆是整个黑茶类加工中很重要的一道工序。渥堆的目的就是在水热的作用下使茶叶变得软绵湿润，使茶叶色泽变成黄褐色并发出酵香，使汤色呈橙红色，而茶汤醇和平稳。渥堆发酵过程中的温控与翻堆绝对是个技术活。如果控制不好温度，就会出现“烧死”现象；翻堆不当，就会出现沤烂茶叶的状况。渥堆工艺发展到后期，有了专门的蒸茶机，通过锅炉蒸汽进行炊蒸，很好地解决了黑茶的发酵问题，并有效地节约了时间、空间上的成本。不管是传统的渥堆还是蒸茶机式的渥堆，目的都是为了使茶叶达到一定的湿热，茶叶湿热是为了让内部的微生物和酶在这个过程中发生第一次转化。这个过程虽然是一个初级阶段，但不容小觑。要想喝到真正的好茯茶，重要的还是后期的加工和陈化。渥堆发酵完成后，称为黑毛茶（毛料），一般将毛茶产品装入袋中才算完成。具体来说，泾阳茯茶制作工艺的主要流程分为以下几步：

一、选茶与剁茶

传统的泾阳茯茶制作一般选用湖南安化的黑毛茶为原料。将茶包打开，由茶工去除茶中杂质。将选好的茶料放在大案板上，拿大刀反复砍剁。剁好茶以后过箩和筛，选取出 5 ~ 7 厘米的茶叶作为基础原料；不足要求的茶叶将继续返回再次剁碎，筛下的碎茶及茶末不用。这一道工序是泾阳茯茶制作的第一步，也是头等出力活。

二、备水与炒茶

茯茶有“离了泾河的水不能制”之说，所以，备水这个环

茯茶制作工艺——剁茶

节也非常关键。制作茯茶一般选取泾阳某区域优质的地下水，这种水老百姓通常叫生水。在准备制作茯茶前，先将取来的一定量的生水倒入埋入地下的水缸里，另将烧开的地下水按一定比例兑入缸内，然后捂盖发酵 12 小时后待用。

取适量茶叶与备用水，先用大火烧开，后用慢火熬制 12 个小时左右，此次熬出的茶釉称为“新釉”；再取适量老茶釉做酵母，配一定比例的茶叶与调制好的待用水，用慢火熬制 6 个小时，此次熬出的茶釉称为“老釉”。

第二日上午，调制熬好的新釉与老釉备用。将剁碎的茶用秤平均称量，每 5 斤为一锅。这时，茶工开始生火烧锅，达到一定的温度，舀入调制好的茶釉，茶釉进入热锅后先是白气蒸腾，很快非常充分地将铁锅浸润。然后，茶工熟练地将准备好的茶料倒入锅内，并快速将调制好的茶釉倒入锅内。茶工拿着果木或桑木铲翻炒，先是由两边到中心，再由下方到上方，目的是将茶和茶釉拌均匀，让茶充分地吸收茶釉与锅的热量，又不至于因缺水而浓缩。茶在水与高温中又发生了奇妙的变化。茶工在这个过程中不但要做到手到、眼到，更要做到心到，这是茯茶调配与制作的秘密所在。

三、筑茶与封茶

茶炒好以后便是筑茶，筑茶之前先要准备茶封。一般茶封的尺寸是 1.2 尺长、0.8 尺宽、0.1 尺厚，用多层手工麻纸糊制而成。茶封夹在配套规格的“梆子”（木模）内。

一名茶工在梆子的一侧，将装满簸箕的茶灌进“梆子”固定的茶封里。茶工在灌茶的过程中，要做到心手并到，茶进模的时候，一边要散气，一边还要让进封后的茶达到饱满。另一名茶工站在“梆子”的正面，拿着茶锤，将灌入茶封的茶逐渐捶实。捶茶又称筑茶，这是泾阳茯茶制作过程中很费力气的一道工序。

茶被茶工捶实以后，接着便是封筑的工序。一般而言，每封茶筑需170～300棍(包括“提棍”100～120下,“拐棍”50～80下）。茶筑的棍法通常分为“四路”——从梆子前到梆子后排列4棍。捶茶工在捶茶的过程中，还需要一名帮手“扶梆子”，这名“扶梆子”茶工会不断地协助扒匀封口的茶，帮助钎门(封口）、开关“梆子”并安放封壳及取出茶封。

封茶以后，有茶工拿铁钎在茶封上戳几个茶封一半厚度的小孔，以利于茶叶中多余的水分挥发出去。

出封后的茶封用麻绳十字式捆扎，茯茶基本上就定型了。这一道工序完成以后，检验员逐块验收、盖印，之后入库。严格意义上说，这时的砖茶还不能叫茯茶，只有自然发花以后的砖茶，才是真正的茯茶。

制茶用具

四、发花与陈化

要彻底让新茶中的水分挥发完，大概需要 1 ～ 2 个月的时间。待茶封在木楼上阴干至七八成后，开始将茶封按顺序堆垛，并在上面加盖棕片，目的是让茶叶自然发花，这是茯茶制作过程中最具奥妙的时候。

发花是制作茯茶的核心环节。假如说，泾阳砖茶不能发花，也就与普通的砖茶没有什么两样。所谓泾阳茯茶的发花，就是指将压制好的砖茶放置在特定的环境下，使其生长出一种菌类，这个环节对温度和湿度有较严格的要求。传统的黑毛茶来到陕西的泾阳，经过泾阳水与秦人的手，逐渐在茶砖的内部繁殖出了一种黄色的真菌——冠突散囊菌，这个过程就叫“发花”。这种真菌因为吸收了茶叶中自带的有效营养成分而开始了自我生长与发育，在生长与发育的过程中通过新陈代谢，产生出一系列有益于人体健康的化合物——金花。衡量泾阳茯茶品质重要的标准之一就是看金花的多少——“花多则茶香，花好则茶佳”。当金花四溢时，泾阳茯茶即告制作成功。

等砖茶封皮纸上出现金花后，茶工开始逐一打开垛堆，分晾 1 ～ 2 个月，在这期间要进行多次翻垛。

茯茶制作好以后，如果能在适当的湿度和温度下陈化 2 ～ 3 年以上，其中的微生物和酶将大大提升茯茶的品质，使其陈香愈发显露，这也是茯茶越陈越香的奥秘所在。

泾阳茯茶是中国非物质文化遗产组成部分，也是中华民族文明财富的一种体现与象征。从非物质文化遗产的活态性角度分析，泾阳茯茶的筑茶技艺是灵活的。今天，由于科技的高速发展，一些传统技艺借助现代科技被广泛利用。泾阳茯茶保留了其独特的制作技艺，在需求多样的现代社会，有人在传统工艺的基础上不断研究出多样化的制作方法，做出产品。但无论时代如何变化，作为非物质文化遗产的泾阳茯茶不会因为现代科学技术的发展而消失，陕西茶人坚守传统的茯茶手艺，正是为了守护一份温暖的记忆和茶人的情怀。

泾阳是茯茶的诞生地。茯茶与泾阳一样有着厚重的文化和历史，茯茶能在陕西泾阳延续数百年，自然有它历史的必然性。

正在陈化的茯茶

茶与瓷器、丝绸是古丝绸之路上重要的中国商品，而茯茶被誉为古丝绸之路上的『黑黄金』；『一日不饮茶则滞，数日不饮茶则病』，茯茶也被西部少数民族祖祖辈辈称为『生命之茶』。今天，『茯茶』重返『一带一路』，开始了它最巅峰的人文地理之旅……

第二章

问道茯茶

丝路上的『黑黄金』

古丝绸之路，是连接中国中原地区与西部少数民族地区，以及中亚、西亚，乃至欧洲的一条重要通道。它东起中国长安，西至地中海沿岸，整体横跨欧亚大陆，绵延上万里之遥。它不仅是一条东西、中外经济贸易之路，更是一条连接中国中原民族与西部各少数民族以及中西亚、欧洲政治、经济与文化的重要纽带，从古至今始终发挥着极为重要的作用。

古丝绸之路可以说是个笼统的概念，其时间大概始自春秋战国时期。而官方记载的丝绸之路，则始自张骞出使西域。现代意义上的“丝绸之路”（The Silk Road）概念，是由德国地理学家李希霍芬（Ferdinand von Richthofen）于1877年在其专著《中国》一书中首次提出的：“从公元前114年到公元127年间，连接中国与河中（指中亚阿姆河与锡尔河之间）以及中国与印度，以丝绸贸易为媒介的西域交通线路。”33年后，德国学者赫尔曼（Albert Hermann）重新将丝绸之路“延伸到通往遥远西方的叙利亚的道路上”。

近年来，随着中外学者对于丝绸之路的深入研究，其具体指称的内容早已超出了丝绸之类的经济贸易的范畴，还包括自然环境、民族宗教、文化艺术等领域。

关于古丝绸之路虽然仍然存在诸多争议，但相对来说，还是有一个比较一致的看法，学界认为：古丝绸之路作为一个道路系统，由不同路线组成，“一般是指古代从中原地区出发，经过河西走廊，到达今天的甘肃西部，也就是敦煌一带，然后分成三条主要道路：一条为北道或北线，从敦煌经哈密、乌鲁木齐、伊犁、阿拉木图、托克马克、塔什干，最后到达乌兹别克斯坦的撒马尔罕；第二条为中线或中道，从敦煌经吐鲁番、焉耆、库车、阿克苏和喀什，然后翻过天山经过浩罕，到达撒马尔罕；第三条为南线或南道，从敦煌沿着世界第二大沙漠塔克拉玛干的南面，经过若羌、且末、于阗、和田、莎车到达喀什，然后与中道会合，到达撒马尔罕。当然，撒马尔罕不是终点，继续往西，就进入西亚、欧洲和非洲”。

在古丝绸之路上，伴随着悠悠的骆驼以及马匹的铃铛声，产自中国内地的丝绸、瓷器与茶叶等物品，被源源不断地运往西域乃至更远的欧洲；而来自西方的葡萄等，也被带到了中原，丰富了人们的生活。在此经济贸易往来的过程中，中国文化包括茶文化也走出国门，并对世界各地产生了深远的影响。

茯茶是丝路贸易中的重要商品。茯茶的漫漫西行之路，主要依靠的是骆驼和马匹。茶叶原产自多山地的巴蜀之地，将其运往中原以及广袤的西部地区，不但路途非常遥远，而且充满了无数的艰难险阻。据茶学专家伍湘安先生研究，安化黑茶北转泾阳，再至金城兰州的转运路线，主要有四条：一是安化—益阳—襄樊—泾阳—兰州线；二是安化—益阳—武汉—郑州—泾阳—兰州线；三是安化—益阳—安乡—宜昌—重庆—泾阳—兰州线；四是安化—烟溪—溆浦—保靖—重庆—泾阳—兰州线。

上述四条路线，每一条都要经过泾阳，才得以进入甘肃，接着再由金城兰州出发，继而远销新疆、西藏，乃至中亚、西亚及欧洲。至19世纪，中国茶叶就几乎遍及全球各地。泾阳茯茶之所以能获得古丝绸之路“黑黄金”的赞誉，主要还是源于其在丝路贸易中所占据的重要地位，而其繁荣发展的大背景正是古代中国茶业的逐步发展壮大。

茶业发展在唐代以前整体较为缓慢。据朱自振先生研究，先秦时期饮茶之风与茶业的兴起当始自巴蜀。商周时期，人工植茶进入自觉培植、生产时代，而巴蜀所产的茶叶，也成为进贡周天子的贡品，例如《华阳国志》中就曾提及西周初年的贡茶与香茗。

秦朝一统中国，并推行一系列的政治、经济、文化措施，既加速了各民族之间的融合，也为此后中国经济的发展创造了有利条件。到汉代时，茶叶已成为商品流通于市面，并成为当时社会经济中的重要物品。《华阳国志》就对汉代巴蜀地区茶叶的种植、产量、品种及贸易情况有所记载。再如，西汉蜀人王褒所写的《僮约》中就有“武阳买茶”之说，也说明武阳之类的茶叶区域市场已经形成。

三国时期，为避战乱，大批北方人渡迁江南，由此带来江南之地的开发与南北经济文化的交融和发展，荆楚之地的茶业得以发展壮大。该时期茶业发展概况，从西晋刘琨写给侄子刘演为已备茶的书信可窥见一斑："前得安州干茶二斤，桂一斤，姜一斤，皆所须也。吾体中烦闷，恒假真茶，汝可信致之。"《广陵耆老传》中还记载了一位老人卖茶的事情："晋元帝时有老姥，每旦独提一器茗，往市鬻之，市人竟买。自旦至夕，其器不减，所得钱散路旁孤贫乞人。"正由于茶叶已成为商品贸易中的重要物品，其市场利润自然诱惑力强。例如，史书记载西晋愍怀太子就曾在洛阳宫廷西园里公开从事商品买卖，牟取暴利，其中就有茶叶。

魏晋南北朝时期，中原与西北少数民族的贸易往来使得茶叶贸易进一步发展。

唐代时，伴随着大一统局面的形成，茶业发展迎来了空前的昌盛时期。茶叶种植区域进一步扩大，种茶、制茶等技术有了很大提高，茶之名品集体涌现，各类茶叶市场在该时期也得以形成。

与之相应，茶叶贸易也非常活跃，其贸易市场遍及当时的农村、城市；饮茶之风在达官显贵与平民百姓间都十分兴盛。唐代李肇《唐国史补》卷下有云："风俗贵茶，茶之名品益众。"唐人封演在《封氏闻见记》中对唐代茶叶贸易的繁盛景象也有着细致描述："开元中，泰山灵岩寺有降魔师，大兴禅教，学

茶料

禅务于不寐，又不夕食，皆许其饮茶，人自怀挟，到处煮饮，从此转相仿效，遂成风俗。自邹、齐、沧、棣，渐至京邑城市，多开店铺，煎茶卖之，不问道俗，投钱取饮。其茶自江淮而来，舟车相继，所在山积，色额甚多。”

与此同时，茶叶也沿着古丝绸之路行销西部少数民族地区。《藏史》记载：“藏王松岗布之孙时……为茶叶输入西藏之始。”其中所说的松岗布之孙，指的就是松赞干布。《封氏闻见记》中也有“回鹘入朝，大驱名马，市茶而归”的记载，茶马互市由此开启。唐朝后期，战乱频仍，为了增加巩固边防所需之战马，朝廷多次以丝、茶易马万匹。

唐代王敷所撰《茶酒论》中还对吐蕃、回鹘、印度、波斯等国家和地区“万国来求”大唐茶叶的繁荣盛况有所描述。

唐代的海外贸易途径主要有两类：一是陆路，以丝绸之路为代表，满载包括茶叶在内的各类商品的驼队沿着茫茫戈壁边缘，穿越西北荒漠边疆，一直到达撒马尔罕、波斯和叙利亚。这条路线有南、北两道，北道从吐鲁番走北疆或南疆，过库车及塔里木盆地往西；南道则沿昆仑山脉北缘而行，到达和田与帕米尔。另外，由四川、云南出发可到达缅甸；由西藏经尼泊尔可到印度。二是海路，当时的阿拉伯商人借助季风往返于中国与波斯湾之间，进行商品贸易。广州和扬州都是当时非常重要和繁华的贸易港口，而作为丝绸之路大宗商品的茶叶，正是伴随着丝绸之路上的驼队与海船，远销海内外。

宋代时，商品经济发展活跃，茶叶生产与饮茶之风也得到进一步发展，由此促使宋代茶业非常兴盛。当时茶叶销售遍及南北，茶坊、茶铺林立。值得注意的是，最早的纸币交子也出现于产茶最多的地区，苏辙的《论蜀茶五害状》记载：“蜀中旧使交子，唯有茶山交易最为浩瀚”。

因为帝王嗜茶如命，所以朝野上下趋之若鹜。为了讨得皇帝欢心，谋取私利，奸佞臣属多投其所好，挖空心思巧立贡茶名目，如当时就有人将贡茶名为龙、凤、白乳甚至龙团等。苏东坡在《荔枝叹》中对此种现象大加讽刺："君不见武夷溪边粟粒芽,前丁后蔡相笼加,争新买宠各出意,今年斗品充官茶。"

宋代茶叶贸易中，尤以与西部少数民族地区的茶马贸易规模最大，影响也最广。这与宋朝特殊的现实处境密切相关。北宋时，与辽、夏的对峙，使得宋朝特别重视马政。为了解决战马匮乏的问题，大臣王韶向神宗奏请："西人颇以善马至边，所嗜唯茶，乏茶与市。"此后成都府路等地设茶马司，而茶马互市遂成定制。

北宋时期进行茶马交易的有今天的山西、陕西、甘肃、四川等地，其兴盛的景象据《建炎以来朝野杂记》记载，仅绍兴元年（1131 年），"川、秦八场额市马万二千九百九十四匹"，由此可见当时茶马交易规模之大。同时，宋时的茶马比价也时有变化。例如熙河地区（今甘肃临洮一带），在北宋时属宋辖区，马匹众多，因而茶贵马贱，神宗时 100 斤茶就可换得一匹良马；但在南宋时，该地区为金阻隔，马源缩减，出现了要 1000 斤茶叶才可换得一匹良马的马贵茶贱的现象。例如，据《宋会要・职官》记载，宋朝每年购马数量大约在 15000 ~ 20000 匹之间；而元丰四年（1081 年）易马之茶的数量"蕃部未必尽皆要茶，次下等一匹马自不及茶一驮之直，大约每岁不过用茶一万五六千驮"。

宋代的海外贸易也非常兴盛，据《宋史・外国传》等史料记载，当时与宋朝有着海上贸易关系的国家或地区达60多个。其中包括北非的埃及，地中海的摩洛哥、西班牙等。据统计，宋代出口商品数百种，茶叶便是其中的重要商品。

宋代的茶马贸易，客观上符合中原朝廷与少数民族的共同利益，在长期的发展过程中，既强化了宋朝的边防，推动了汉族与西北、西南少数民族之间的经济、文化交融，也丰富了边疆少数民族的物质生活，对我国多民族国家的形成与发展做出了巨大贡献。

元代沿袭宋制，继续实施茶叶专卖制度，但这一时期由于空前的统一，西北地区大部分都归入元之版图，战马已不再为政府担忧之事，故而茶马互市不再实行，允许边疆自由贸易。但元代茶法变更频繁，而且增引加课以缓解政府财政困境，对于茶业的发展产生了消极影响。

明代时，因为战事频繁等原因，茶马贸易得以恢复，茶叶贸易向鼎盛时期发展，产茶区域进一步扩大，名品迭出，内销市场、边销市场、国际市场多元发展，茶叶出口量急剧增加。明洪武二十六年（1393年），太祖推行金牌信符制，进一步强化政府对于茶马交易的垄断控制。值得一提的是，随着明代茶叶贸易的兴盛，陕西商帮也逐渐强大起来，并且把持着西北茶叶运销之路。泾阳茯茶也开始闻名于大江南北、长城内外。

明代茶叶的重要地位，从一些传说中可见一斑。相传，明朝初建，百废待兴。为了压制漠北的元朝残余势力，太祖朱元璋极为重视茶马之法，希望通过茶马互市而获取更多的马匹以备战时之用。但不想，此法的推行，反倒造成了茶贵马贱的局面。在巨大利润的驱使下，不少商人甚至贵族以及官员铤而走险，私自倒卖茶叶，其中就有太祖朱元璋的女婿欧阳伦。

欧阳伦自恃为皇亲国戚，全然不顾当时严苛的茶法，公然多次派人私运茶叶进行贩卖，以此牟取暴利。洪武三十年（1397年）四月，欧阳伦再次命家奴周保私贩茶叶。当其贩运茶叶队伍行进至陕西蓝田时，因地方官员伺候不周，家奴周保竟然将其痛殴一顿。该官员不堪此辱，于是向太祖皇帝告了御状。闻知此事后，朱元璋大怒，决定严惩不贷，最终赐死驸马欧阳伦，飞扬跋扈的周保以及知情不报的官吏也被连同处死。由此可见，茶叶在当时的地位之重要。

这一时期，茶叶通过陆路与海路继续向外传播，而海上路线在茶叶传播与贸易中的地位逐渐重要起来。16 世纪中期，随着航海事业的发展，欧洲人来到中国并接触中国茶文化，后将茶叶与饮茶之风带回西方。西方诸多国家如意大利、葡萄牙、荷兰、德国、法国也都有了各自关于茶的文字记述。

清代继续推行茶马贸易，但在整体监管上则不及明代之严格，其中部分茶叶可由私商倒卖；而清代以茶易得马匹之数量也大幅减少；再加上政局的相对稳定与疆域的进一步扩大，

茶马贸易渐渐走向了没落。但茯茶贸易却在这一时期更趋繁盛，作为其诞生地与丝绸之路货物集散地的泾阳，更是商贾云集。《泾阳县志》记载：“清雍正年间，泾邑系商贾辐辏之区。”在该时期，泾阳境域商号就达 131 家，其中经营茯茶的商户门店就有 86 家之多，而每年每家的茶叶销量更是高达 300 ~ 500 吨。卢坤的《秦疆治略》中还记述了当时泾阳单检

撬开的茯茶

茶之人就达 1 万多："泾阳县官茶进关，运至茶店，另行检做，转运西行，检茶之人，亦有万余。"

民国时期，泾阳茶叶贸易依旧非常繁荣。以 1935 年为例，全县有茶叶商户 22 家，资本总额为 14200 元，营业总额达到 150000 元；当时每年过境砖茶数量更是达到了 2000000 千克，全部运往甘肃，由此而带来的经济利润确实非同一般。

穿越戈壁与荒漠的古丝绸之路，以及茶马古道的悠悠历史，都见证了古丝绸之路上茯茶贸易的繁盛与衰落。在此历史的回转奔突中，无论是丝绸、瓷器，还是茶叶特别是泾阳茯茶，都尽显自身独特的价值与魅力。

如今漫步于陕西泾阳县城街道时，仍然能够听到或见到骆驼巷、麻布巷等地名，这些古老的街巷真正见证了昔日丝绸之路贸易的繁盛景象。而有着古丝绸之路上“黑黄金”之誉的茯茶，在当下“一带一路”的新时代背景下，正再次焕发出光彩。

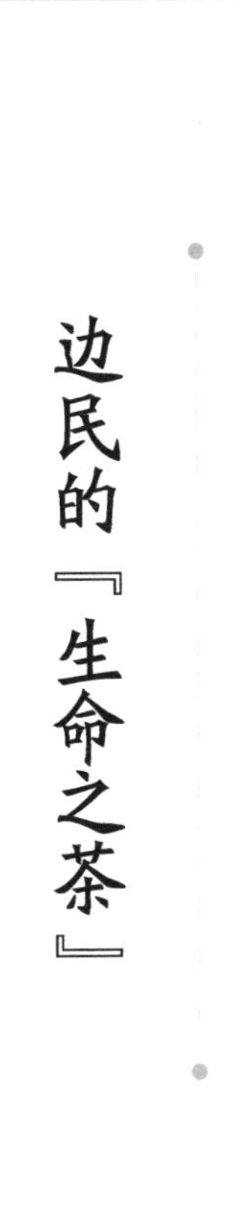

边民的『生命之茶』

自古以来，我国西部地区的广袤土地上就生活着众多民族。这些民族信仰各异、习俗不同，但大多有一个共同的生活习惯，那就是饮茶，有些民族甚至常年饮茶，并由此形成了极富民族风味的茶文化。

那么，在本不产茶的西部地区，这种饮茶习俗是因何形成的呢？

因自然环境限制，西部少数民族大多生活在草原、沙漠、戈壁地区，形成了以游牧为主的生活方式，日常饮食以肉食、乳酪为主，一年中所食水果、蔬菜较少。牛羊肉与奶制品中虽然富含脂肪与蛋白质，但这些营养物质一方面非常油腻，另一方面也不易消化，若是长期食用则会引起便秘等问题，严重影响着人体的健康状况。

中国西南巴蜀之地盛产茶叶，经过长期发展，逐渐地形成了以种茶、制茶、饮茶为中心的茶叶经济，进而形成了文化底蕴深厚的中华茶文化，丰富着中华民族乃至世界各地人民的物质生活与精神生活。与古丝绸之路上的其他物品如丝绸、瓷器等相比，茶叶不仅仅具有一般商品贸易的经济价值，它的特点与功效更使其在丝路贸易中具有与众不同的重要意义。

古人对茶之特点以及饮茶之益处，早已有所认知。如《神农本草经》说茶“味苦寒，主五脏邪气，厌谷胃痹，久服安心益气，聪察少卧，轻身耐老”。《神农食经》载：“茶茗久服，

茯茶茶汤

令人有力悦志。”华佗《食论》载：“苦茶久食，益意思。”壶居士《食忌》：“苦茶，久食羽化。”此处“羽化”，并非成仙，而是健步之意。陆羽《茶经》有云：“茶之为用，味至寒，为饮最宜。精行俭德之人，若热渴、凝闷脑疼、目涩、四肢烦、百节不舒，聊四五啜，与醍醐甘露抗衡也。”概而言之，茶对于人体健康有着非常重要的作用，这是古人通过大量实践积累得来的知识。

随着现代生物医药科技的发展，人们对茶叶的化学成分及药用价值有了更为清晰的认识。据现代科学研究发现，茶叶的化学成分具体是由 3.5% ~ 7% 的无机矿物质元素与 93% ~ 96.5% 的有机化学物质组成。其所含无机矿物质元素多达 40 多种，其中常见的有磷、钾、钙、铁、锌等，与人体正常的糖代谢、骨骼生长、造血功能等密切相关；而茶叶中的有机化学物质更是多达 400 多种，如茶多酚、咖啡碱、茶多糖、茶氨酸等，更是有助于人体抗癌美颜，减低血压、血脂，抑制动脉硬化，调节免疫功能，防治糖尿病，等等。

茯茶是诞生于陕西泾阳的古老茶种，因其特殊的保健功效，在黑茶类中占据着非常重要的地位，深受广大消费者特别是西部少数民族的青睐。

茯茶的独特之处在于，其成品中存在一种金黄色的小颗粒，制茶行业称之为“金花”。金花的数量与茯茶的品质直接相关，金花越多则茯茶的口味越发甘甜醇正，由此在我国少数民族地区就流传有“茶好金花开，花多茶质好”的说法。时至今日，国家也制定了茯茶的行业标准，其中明确规定，茯茶必须达到“金花普遍茂盛”的水平，如此方为合格。

那么，茯茶中的这种金花到底是哪种神奇之物呢？

茯茶之金花，实际上是茯茶在加工发花过程中产生的一种独特的有益曲霉菌，在生物学界被称为“冠突散囊菌”。由于冠突散囊菌在显微镜下显示为一朵朵金色的小花，故而得名。在历史上，冠突散囊菌的鉴定与命名也几经周折。最初其被称为灰绿曲霉，后被称为歇瓦氏曲霉，再后来又被命名为冠突曲霉，而现在的名称则是 20 世纪末期才最终确定的。近年来研究人员对茯茶进行了深入系统的研究，结果发现茯茶具有减肥、降血糖、调节血脂、防止腹泻、抗氧化等独特功效。

正如《滴露漫录》中所说："其腥肉之食，非茶不消；青稞之热，非茶不解。"所以，具有消食解腻等功效的茯茶一经传入，便受到这些地区少数民族同胞的喜爱，并逐渐地融入了他们的生产生活，成为他们日常生活中与肉、奶并列的必需品。即使到了今天，西部少数民族地区还流传有"一日无茶则滞，二日无茶则病""宁可一日无食，不可一日无茶"等民谚，由此可见其受欢迎的程度。

具体而言，茯茶主要具有以下保健药理功效：

第一，抑制心脑血管疾病。如今随着社会经济的发展，人们的生活水平大幅提升，但如果长期饮食结构不合理，工作生活不规律，则很容易患上心脑血管疾病，而且当前此病的发病率呈现出年轻化的趋势，这不得不引起我们每个人对自身健康状况的关注。而茯茶中的茶多酚则能有效降低"三高"，软化血管，抑制心脑血管疾病。

茶多酚是茶叶中 30 多种多酚类物质的总称，约占茶叶干物质总量的 1/3。其具有极强的抗氧化和消除自由基作用，对肿瘤细胞 DNA 的生物合成有着明显的抑制作用。此外，茶多

冲泡后的茯茶茶底

酚还能有效调节或者增强机体细胞免疫能力，从而抑制癌细胞的增殖与生长。现代医学研究表明，茶多酚具有防止动脉粥样硬化、血管硬化，降低血脂，消炎抑菌，防止辐射，抗癌，抗突变等多种功效。

第二，增进食欲，消解油腻，帮助消化。咖啡碱是茶叶中的重要生物碱之一，其对中枢神经系统具有兴奋作用。研究表明，人体摄入适量咖啡碱能解除酒精毒害，提高胃液分泌，增进食欲，帮助消化。茯茶中的咖啡碱等物质，一方面能消解油腻，有效改善肠胃功能，促进胃动力，有助于食物消化；另一方面又能有效吸附不利于人体健康的有害物质，预防消化系统疾病。此外，茯茶中的芳香物质还能给人带来味觉与嗅觉方面的愉悦，从而提高胃液分泌，促进蛋白质与脂肪的消耗。

第三，降低血脂、血压、血糖，预防糖尿病。茶多糖为茶叶中与蛋白质相结合的酸性多糖或酸性糖蛋白，是一种由糖类、蛋白质、果胶和灰分组合而成的类似人参多糖和灵芝多糖的高分子化合物。研究证明，茶多糖具有降低血压、减慢心率的作用，能起到抗血栓，降低血脂、血压、血糖，预防糖尿病等功效。研究显示，与一般茶叶相比，茯茶中的茶多糖含量更高，且其组分活性也更强，如果每日饮12克茯茶泡的茶，1个月后，高血脂病人的血液生化指标均有不同程度下降。

第四，抗癌，抗突变，提高免疫力。实验表明，茶叶中的茶多酚具有抗氧化作用，能抗离子辐射和紫外线辐射，抑制微生物与病毒的入侵，提高人体免疫力。此外，茶多酚还对肿瘤的放疗、化疗所引起的白细胞、血小板的减少现象具有明显的缓解作用。

第五，杀菌消炎，治腹泻。茶黄素是茯茶茶汤的重要成分，它对肠道系统中的细菌如肠道杆菌、肉毒杆菌等都有显著的抑制作用。同时，茯茶中的茶多酚也具有广谱微生物抗性，对动植物病原微生物都有一定的抑制作用，可抑制细菌毒素的活性和部分芽孢的萌生。

第六，明目护齿，利尿解毒，降低烟酒毒害。茯茶不仅含有丰富的蛋白质、茶多糖等营养物质，而且含有丰富的维生素，其中维生素 C 就具有明目之功效；而含量较高的氟则既可预防龋齿，还可护齿固齿。咖啡碱作为茯茶的重要成分，对膀胱具有刺激作用，能有效促进排尿，并且还可降低烟酒对人体的伤害。

鉴于此，日本著名茶学专家、丰茗会理事长松下智先生于 1988 年在我国河西走廊考察时，惊叹于茯茶的独特功效，直接赞誉其为“中国古丝绸之路上神秘之茶、西北各民族生命之茶”。

茶与西部少数民族的生产生活早已水乳交融，在漫长的发展历程中，也逐渐形成了形式多样、内容丰富的茶文化。例如，

茯茶茶汤

藏族的酥油茶、清茶、奶茶，维吾尔族的清茶与奶茶，蒙古族的咸奶茶，回族的盖碗茶与罐罐茶，等等，都是各具民族特色的茶饮，同时也形成了各自民族的茶文化。

1. 藏族的酥油茶、清茶与奶茶

藏族主要分布于我国西藏地区，此外在云南、四川、青海等省区也有分布。这些地区地势高拔，气候高寒干燥，饮食多奶肉、糌粑。唐贞观十五年（641 年）文成公主嫁予松赞干布，茶文化自此传入西藏。1388 年写就的《西藏王统记》中记载，文成公主入藏后创制了奶酪和酥油，并以酥油茶待客。

藏族人都喜欢喝茶，特别是僧侣。因地区的不同，对茶叶品种的喜好也不相同，如云南为紧茶，四川为茯茶或康砖茶，等等。但无论哪种，酥油茶则最为普遍。藏族无论男女老少，皆饮酥油茶，有的人甚至每天能喝 20 多碗。

酥油茶主要流行于西藏地区。做法是，先将锅中之水烧至沸腾，再加入茯茶碎块，熬煮至茶汁浸出后，滤去茶渣，把茶汁倒入圆柱形的打茶桶内。同时，用另一口锅熬煮牛奶，直到表面凝结出一层酥油，将其倒入打茶桶，加入适量的盐和糖。盖住打茶桶，用茶桶中的长棒不断搅拌舂打数百下。待茶和酥油、盐、糖等充分混合后，酥油茶就打好了。

制作酥油茶的茶桶，一般为铜质，也有银质，而盛酥油茶的多为银质茶碗，甚至还有用黄金或翡翠制作而成的。另外，茶碗也有木质的，其上镶嵌有金银。这些不同材质的茶具，也是人们财富拥有程度的标志。

酥油茶的口味极为独特，涩中带甜，咸里透香，这都源于其制作原料的多样。喝酥油茶也非常讲究礼仪。一般客人来临，女主人会热情迎接，并奉上糌粑。随后又按照辈分长幼一一倒上酥油茶。按照当地风俗习惯，客人喝酥油茶时，不能一口喝尽，而是应留下少许。这被视为对主妇打茶手艺的一种赞美。这时主妇便会再次斟茶。客人若是不想再喝了，则需将尚有的少许茶汤很有礼貌地泼洒在地上，以表示自己已喝饱。

此外，流行于藏族人中的还有清茶与奶茶。

清茶，又名盐茶，即先取适量敲碎的茯茶置于锅中，加入食盐和水煮沸，翻滚 10 分钟后，将茶水滤出。再往茶渣中加水熬煮，重复数次，待茶汤清淡时即止。后将滤出的茶汁混合盛于容器内即可饮用。饮清茶时，可搭配糌粑。

奶茶则主要用于待客。每有客人来临，主客即在氆氇上席地而坐，女主人将极具藏族特色的铜壶添水放置火炉上烧至沸腾，再加入敲碎之茯茶，熬煮 10 分钟，然后再放入适量食盐和鲜牛奶煮沸即成。藏族饮奶茶使用的是细瓷茶碗，盛送用盘子。客人每次喝完，主人随即续茶，直至其喝够为止。奶茶所配食物，多为糌粑、炒面、麻花等。

2. 维吾尔族的清茶与奶茶

在新疆，茯茶也是维吾尔族同胞非常重要的日常饮品，但在南北两个区域有不同的名称，饮用方法也不同。

在南部维吾尔族聚居区所饮之茶称为“清茶”。具体做法是，先将茯茶敲碎，然后抓一把放入铜质茶壶之中，加入桂皮、胡丁香等佐料后，将铁壶灌满水，再置于火炉上烧煮，煮沸四五分钟后，去火，待微凉后即可饮用。南部之清茶，汤色红浓，香味醇正，饮后唇齿间余香不尽。饮茶时，并吃馕饼，有以茶代汤之意，为该地区民众每日三餐必备之饮品。

茯茶茶汤

北部地区所饮之茶则称“奶茶”。与南部地区不同的是，该地区往茶汤中兑入鲜奶或者奶皮子，此外还会加入少许盐巴，在火炉上煮沸10分钟即可饮用。饮茶时，配有馕饼或者抓饭。若是家里来了客人，女主人当即会在地上铺上一块洁净的白布，摆上烤羊肉、馕、奶油等招待，接着奉上一碗奶茶。主客一边叙谈，一般享用奶茶等美味。如果客人茶食饱足，按照当地风俗，只需在女主人献茶时，用分开五指的右手在茶碗上轻轻一盖，就表示感谢主人的盛情，不用再添茶了。见此，主人也就心领神会了。

3. 蒙古族的咸奶茶

《五原厅志 · 风俗志》记载有蒙古族以茶待客的隆重礼仪:

"来客用是（奶茶）飨之，是谓非常之优待……"。

清光绪年间（1875—1908年）的《蒙古志》记载，蒙古族"喜饮砖茶……砖茶珍如货币，贫者皆饮之。二三日不得，辄叹已福薄……"。

蒙古族有喝咸奶茶的传统，民间流传："一日一顿饭，一日三餐茶。"每日清晨，女主人第一件事就是为全家熬煮一锅咸奶茶。一般早晨喝时，还会配上炒米。剩余的咸奶茶会放于火炉上慢火温热，谁要是想喝了，随时饮用。

咸奶茶所选之茶，多为茯茶，也有青砖茶，煮茶的器具为铁锅。煮茶时，先将添适量水的铁锅置于火炉上加热，待水沸腾后，加入适量砖茶碎块。等再次沸腾后，则加入鲜奶，奶与水的比例也很讲究，一般为5∶1。接着进行搅拌，后又加入少许盐巴。等到再次沸腾时，咸奶茶即成。

蒙古族咸奶茶的制作非常讲究技术，茶、水、奶的入锅时机都讲求火候，而且次序也不可错乱，否则会影响咸奶茶的口感，而其中的营养成分也会发生变化。

4. 回族的盖碗茶与罐罐茶

回族主要分布于宁夏、甘肃、青海三省区。饮茶也是他们日常生活不可或缺的重要事项。回族有谚云："早茶一盅，一天威风；午茶一盅，劳动轻松；晚茶一盅，提神去痛。一日三盅，雷打不动。"据说，回族成年人每月用茶量一般达两斤左右，其中老人用茶量则更多。在回族人眼中，“茶有三道：一道是苦涩，任重而道远；二道是真谛，平淡而久远；三道是幸福，甜美而芳醇”。

回族多爱喝茯茶。由于回族分布区域广泛，所以在不同的地区，茯茶的名称也有不同，如在新疆的回族聚居区称为“板子茶”，在甘肃、宁夏的回族聚居区则称为“砖茶”。

盖碗茶，是回族最具代表性的茶饮。因为饮茶的器具盖碗由茶盅、茶盖和托盘三部分组成，所以又有“三炮台”的称谓。在回族中流传着这样一句民谣：“金茶、银茶、甘露茶，比不上老回民家的盖碗茶。”

回族喝盖碗茶时也很讲究。如主人给来客敬茶，须当着客人的面，将茶料放入茶碗，加水后双手送上。喝茶时，不能拿掉上面的茶盖，也不能用嘴吹漂浮在茶水表面的茶叶，而是用茶盖轻轻刮几下，是谓：“一刮甜，二刮香，三刮茶卤变清汤。”喝时忌大口吞饮。客人如已喝好，便将茶碗中的茶喝完，再用手在碗口捂一下，或者从茶碗中取一颗红枣放入口中，主人就明白了。

回族盖碗茶中有一种“八宝盖碗茶”，因其配料有白糖、红糖、红枣、核桃仁、桂圆肉、芝麻、葡萄干、枸杞八种，故而得名。若是追究来历的话，该茶此前还有“三香茶”（以茶、冰糖、桂圆得名）、“五香茶”（在“三香茶”基础上再加入葡萄干、杏干）的名称。八宝盖碗茶之名，是受了江南茶文化的影响而来。饮八宝盖碗茶时，每次续水，都会因为配料的丰富而激发出不同的口味。

回族罐罐茶，是回族农牧区民众非常喜爱的一种茶饮。罐罐茶通常以炒青绿茶与茯茶为原料，加水熬煮而成。此外，还有在茶水中加入花椒、核桃仁、食盐等作料的做法。当地人认为，喝罐罐茶有四大好处：提精神，助消化，祛病魔，保健康。

熬罐罐茶的用具是一种形制古朴原始的砂罐子，其高不过五六厘米，罐口约四厘米，腹部微鼓，罐口有一小流，以方便倾倒，罐身有一小把手。与之相配，喝茶用的是一种形状大小如酒盅一般的粗瓷杯。表面看来，罐罐茶的茶具简陋粗糙，然而其中却藏有玄机。宋代审安老人《茶具图赞》称，小茶罐具有“养浩然之气，发沸腾之声。以执中之能，辅成汤之德。斟酌宾客间，功迈仲叔圉”的作用。明代冯可宾《齐茶笺》认为，“茶壶以小为贵，每宾壶一把，任其自酌自饮为得趣”，“壶小，香不涣散，味不耽搁”。这正与当今流行选用上等紫砂壶为泡茶首选相通。

除了独具民族特色的盖碗茶、罐罐茶外，回族还有热物茶、麦茶、荆芥茶等。其中的热物茶，就是在熬煮茯茶的过程中，加入适量的生姜、胡椒、花椒、红糖等。若是平日里不小心患了肚痛、感冒，喝上一杯即可暖胃祛寒、发汗止痛。

此外，塔塔尔族、土族、锡伯族及裕固族等少数民族也有饮用茯茶的习惯。

茯茶除了是日常生活中必不可少的物品，还是西部少数民族婚俗礼仪的重要组成部分。

若论茶与婚俗的结缘，则可上溯至唐代。

古人为何以茶为聘，明代郎瑛在《七修类稿》中说得很明白："种茶下籽，不可移植，移植则不复生也，故女子受聘，谓之吃茶。"同时代的许次纾在《茶疏》中也说："茶不移本，植必子生。古人结婚，必以茶为礼，取其不移植子之意也。今人犹名其礼曰下茶。"其中所说的"下茶"，也就是聘礼茶。

南宋吴自牧在《梦粱录》卷二十《嫁娶》中记载，南宋时期杭州的富裕之家就已有以茶饼作为行聘之礼的习俗："往女家报定，若丰富之家，以珠翠、首饰、金器、销金裙褶及缎匹、茶饼，加以双羊牵送。"

清人福格在《听雨丛谈》中说："今婚礼行聘，以茶为币，满汉之俗皆然，且非正（室）不用。"

在藏族地区，流行有婚礼茶。《西藏图考》："西藏婚姻……得以茶叶、衣服、牛羊肉若干为聘焉。"藏族地区，男女订婚时，茯茶是不可缺少的礼品。结婚时，则更要熬煮许多酥油茶来招待客人，茶之汤色越明亮红艳，预示其婚姻生活越甜蜜幸福。而女子成婚来到新家后，须由丈夫领进厨房，用木勺把早

茶壶

已煮好的茶汤扬三下，然后盛满第一碗，双手捧给大家长辈。长辈接茶后，随即唱起“扬茶歌”。新婚夫妇再盛满五个银碗，献给前来道贺的客人，献茶时新娘要唱歌，客人要和唱。在婚礼上，新娘新郎还要向媒人献茶答谢；最后唱以茶为内容的“送宾歌”。

在蒙古族地区，流行“订婚五道礼”。所谓的订婚五道礼，就是蒙古族人订婚时，男方须向女方送五道礼。第一道，媒人代表男方送去一皮桶奶子酒；第二道，由三个男子代表男方送去五壶奶子酒；第三道，则由男方家族的妇女去女方家拜年，奉送的礼物有馍馍和手绢，手绢中还包有茶叶、糖果和葡萄干；第四道，茶叶一包，白哈达一条，皮带一根；第五道，为茯茶、糖果和酒。

另外，女子出嫁当日，在婚礼仪式完毕后的第一件事，就是亲自为众亲朋好友熬煮一锅咸奶茶，以显示自己的手艺以及对爱情、婚姻的忠贞与企盼。

生活在西部的回族、东乡族等订婚时还有“定茶”之礼。如果女方家答应了男方家的提亲，男方就要给女方送衣料和几包好茶，如此才算是正式定了亲。而甘肃临夏的回族，女方只要接受了男方送来的茯茶或其他茶叶，就表示允诺这门婚事。此之谓“送茶包”或“送定茶”。此外，还有求婚茶、退婚茶等。民间流传有“没有茶就不能算结婚”的说法。

新时代的茯茶新机遇

曾有着古丝绸之路“黑黄金”、西部少数民族“生命之茶”等美誉的茯茶，凭借着自身独特的价值与魅力，繁盛发展数百年。明清时期更出现了裕兴重、马合盛、天泰全、泰合诚等以经营茯茶为主的著名商号，享誉海内外。

1949 年后，由于国家实施公私合营，茯茶的生产经营规模有所扩大。为了便于生产经营管理，茯茶企业全部集中于咸阳，由此成就了咸阳为中国最大茶叶集散地和加工地的地位。

1953 年 3 月，湖南安化砖茶厂试制茯茶成功。1958 年，由于“在陕西加工茯（砖）茶，存在原料二次运输，不符合多快好省原则”，国家对茶叶政策予以调整。中央政府下令将公私合营后组建的陕西咸阳人民茯茶厂关闭，泾阳的其他茯茶厂也被全部关停，并迁至湖南安化。从此之后，曾经享誉丝绸之路的陕西泾阳茯茶进入蛰伏期。

20 世纪 80 年代初期，泾阳县成立茯茶机构，试图恢复曾经享誉古丝绸之路的茯茶。在县拖拉机修造厂的场地上，先用湖茶，后又用陕南陕青秋老叶，终于试制成功。当时所产茯茶，品质上乘，在西部广受青睐。但此后因为资金以及管理等问题而倒闭。

近年来，随着政治经济大环境的巨大变化，人民生活水平、消费水平不断提高，特别是老百姓对于环保健康的绿色产品十分关注与欢迎，我国茶产业的发展也随之发生了巨大的变化。

2013年9月和10月，习近平主席出访中亚和东南亚期间，分别提出了与相关国家共同建设“新丝绸之路经济带”和“21世纪海上丝绸之路”的倡议。“一带一路”正是此倡议的简称。

“一带一路”旨在借用古丝绸之路的历史文化符号，在新的世纪，主动发展与丝绸之路沿线国家的经济贸易合作，共同打造政治互信、经济融合、文化包容的利益共同体、命运共同体和责任共同体。“在新的历史条件下，我们提出‘一带一路’倡议，就是要继承和发扬丝绸之路精神，把我国发展同沿线国家发展结合起来，把中国梦同沿线各国人民的梦想结合起来，赋予古代丝绸之路以全新的时代内涵。”（习近平语）

陕西位处“新丝绸之路经济带”起始点，国家对其发展给予了大力扶持。而“一带一路”沿线国家与地区对于茶叶的需求从古至今未曾中断，近年茶叶消费需求量更是呈上升态势，这就为进一步打通、开拓茯茶的国内外市场创造了极为有利的条件。

可以说，悠久的历史文化，天然的区位优势，以及国家与政府的大力助推，等等，都为茯茶重焕昔日光辉创造了大好时机。

泾阳茯茶在1949年后，虽然经历了诸多波折，并最后进入蛰伏期，但茯茶的历史文化脉络却未曾中断，民间仍然有一部分制茶师傅继续小作坊式的生产。进入21世纪后，随着社

西安　丝路群雕

会的发展，人们的生活水平不断提高，健康环保类绿色产品越来越受到消费者的青睐。受此影响，目前中国的黑茶市场正呈现出欣欣向荣的发展态势，而黑茶中的云南普洱茶在近年来更是被市场炒得热火朝天。作为黑茶一个重要类别的茯茶，最为与众不同的地方就在于，其中所具有的一种独特的有益于人体健康的金花。

2016 年，我国政府应对当代国情积极出台了《“健康中国 2030”规划纲要》，其中明确指出：“推进健康中国建设，是全面建成小康社会、基本实现社会主义现代化的重要基础，是全面提升中华民族健康素质、实现人民健康与经济社会协调发展的国家战略，是积极参与全球健康治理、履行 2030 年可持续发展议程国际承诺的重大举措。未来 15 年，是推进健康中国建设的重要战略机遇期。”此外，该规划纲要还提出要“重点解决微量营养素缺乏、部分人群油脂等高热能食物摄入过多等问题”。

而有着古丝绸之路“神秘之茶”“黑黄金”以及西部少数民族“生命之茶”等美誉的茯茶，由此迎来了新的发展机遇。

在此形势下，泾阳当地的一些茯茶老商号的后裔们借机抱团筹资，着手重焕茯茶的昔日光辉。再加上省市县各级政府的政策引导与大力支持，茯茶渐渐走上了一条快速发展的道路。而在此过程中，有个关键人物不得不说，他就是纪晓明。

撬好的茯茶

纪晓明幼年即与茶结缘，大学时又就读于安徽农学院（今安徽农业大学），毕业后随即投身陕西茶业发展。然而当时的中国尚处于计划经济时代，茶叶市场发展非常缓慢。几经波折后，纪晓明选择了自主创业，创办茶叶公司。在经历了改革开放以及国家茶叶管理制度的变革后，中国的茶叶市场开始逐渐走上正轨。

作为钟情于茶叶的茶人，纪晓明和其他陕西茶人一样，始终念念不忘曾诞生于陕西这片热土之上，并在古丝绸之路创造过无比辉煌功绩的茯砖茶。于是，自 2006 年起，在获得政府部门的大力支持后，纪晓明开始奔走四方，寻访当年制作茯茶的老茶工,同时搜集明清时期流散于民间的茯茶制作工艺材料。在经历了两年的摸索实验后，陕西茯茶这一传统制茶工艺最终于 2008 年被成功恢复，号称“天下第一砖”的泾阳茯茶重见天日。从此之后，泾阳茯茶真正走上了当代复兴之路，并且留下了一串串坚实有力的脚印。

初期参与成功抢救挖掘泾阳茯茶加工工艺的，有八位核心人物，他们分别是朱全胜、李巧云、赵世民、刘百顺、张云涛、李满洋、田生林、段学义，被人们敬称为“泾阳县前八老”。他们或为当年老茶号的茶工，或为当年老茶号掌柜的后人。

2009 年，陕西省正式出台《陕西省实施七大工程促进农民增收规划纲要》，并首次将茶叶视为“区域型特色产业发展工程”来倾力打造。同年，由陕西省供销总社编制出台的《茶叶产业发展规划（2008—2012）》，明确提出打造“茯茶”这一传统品牌，同时设立茶叶发展专项资金，建设茯茶产业园区，引导支持茯茶产业的发展。

2011 年，可以说是茯茶收获颇丰的一年。

在该年举办的第八届上海国际茶业博览会上，陕西茯茶荣膺黑茶类金奖。这个奖项不只是对茯茶品质的奖励，更是对陕西茶人多年来默默耕耘的最大鼓励。

同年 1 月 15 日，茯砖茶恢复性创新研究及产业化建设项目被国家科技部星火计划办公室正式批准进入“国家星火计划”，并获得星火计划荣誉证书。这是陕西省茶叶行业唯一入选该计划的项目。“国家星火计划”是党中央、国务院批准实施的依靠科技进步振兴农村经济、普及科学技术、带动农民致富的指导性科技计划，是我国国民经济社会发展计划及科技发展计划的一个重要组成部分。5 月 16 日，“茯砖茶制作工艺”被正式批准进入陕西省第三批非物质文化遗产名录。8 月，泾阳茯砖茶发展服务中心成立。

2012 年 3 月，在泾阳茯砖茶产业发展规划暨茶文化论坛专家座谈会上，陕西泾阳被定为“中国乃至世界茯砖茶的摇篮”。

2013 年，咸阳市委、市政府积极响应陕西省关于茶产业发展指导意见，出台了《咸阳茯砖茶产业发展规划（2013—

2017）》，全力推进茯茶产业往做大做强的方向发展，并重点着力于打造咸阳茯茶的市场品牌。

2013 年 9 月，泾阳茯茶被国家质量监督检验检疫总局批准为国家地理标志保护产品。

2014 年，《陕西省人民政府办公厅关于加快全省茶产业发展的意见》由陕西省供销合作总社会同陕西省农业厅、林业厅共同拟定。其要求在咸阳建设以陕南夏秋茶为加工原料的现代茯茶生产园区；还要求注重开发与茯茶相关的茶园旅游、茶艺体验和茶叶文化宣传等附加产业。

2014 年 4 月 12 日，由陕西省茶叶协会主办，泾阳县茶叶协会承办的“中国·陕西（泾阳）丝路茯茶产业推介会”在北京人民大会堂隆重举行。此次推介会以“泾阳茯茶·现代生活·健康之饮”为主题，旨在进一步提升、扩大茯茶的品牌营销，推动茯茶产业以及泾阳经济的快速发展。这次宣传推介会后，茯茶的品牌知名度在业界得以极大提升。

这一年的 9 月，在茯茶发展历程中还发生了一件大事，那就是“泾阳茯砖茶·丝绸之路文化之旅”。之所以说是件大事，是因为此次茯茶之旅，不仅有着庞大的茶商队伍，而且还沿着古丝绸之路一路西进，最终到达哈萨克斯坦。此次茯茶文化之旅，从泾阳启程，庞大的商队由 136 峰骆驼、8 架木轮马车和 100 余名身着古代服装的陕西茶人组成。满载泾阳茯茶的商队从陕西泾阳出发，一边进行文艺展演，一边宣传茯茶，一路向西，先后经过甘肃、青海、新疆以及哈萨克斯坦的江布尔州，终点为哈萨克斯坦江布尔州的陕西村，全程 15000 多千米，前后历时一年多。到达哈萨克斯坦后，商队受到了当地政府和人民的热烈欢迎，并且被邀请参加了哈萨克汗国建国 550 周年庆典。在庆典活动中，商队还被安排在了第一序列方阵入场，接受了该国时任总统纳扎尔巴耶夫的检阅。

“泾阳茯砖茶·丝绸之路文化之旅”旨在通过促进丝路沿线的文化传承与交流，探索文化作为驱动力带动丝路沿线各国经济，迈向共同繁荣的合作模式，以实际行动践行“共建丝绸之路经济带”的战略构想，有力地扩大了茯茶在当代“一带一路”沿线国家的市场影响。

2015 年，陕西茯茶在米兰世博会中国茶文化周全国 17 个省区六大茶类 120 多个茶叶品牌中脱颖而出，最终荣膺“百年世博中国名茶金奖”。茯茶此次亮相米兰世博园，让来自日本、韩国、马来西亚等国的 26 名名茶评鉴委员会成员备受震惊。10 月，中国茶叶流通协会授予泾阳“中国茯茶之源”的称号。

与此同时，茯茶的诞生地泾阳县也先后实施了一系列有力举措，切实推进茯茶的繁荣发展。如成立了泾阳茯砖茶发展服务中心，制定了《泾阳茯砖茶生产技术标准》，完成了泾阳茯砖茶地理标志产品、地方标志和地理标志集体商标三项保护工

驼队进入哈萨克斯坦境内

АНЫ

作，还先后在乌鲁木齐、兰州、深圳等城市举办推介会，都极大地提升了茯茶的市场品牌影响力。

在此需特别提及的是，为挖掘茯茶历史文化，扩大茯茶市场品牌影响，泾阳县政府还联合泾河新城总投资 30 亿元人民币，共同建设茯茶小镇项目。

茯茶小镇是一个以茯茶文化为主题，集旅游、购物、娱乐、饮食、住宿为一体的极富关中民俗文化特色的优美小镇。茯茶小镇已于 2015 年 8 月 19 日正式开园，仅开园第一周就迎来全国各地游客近 40 万人次。如今每逢节假日，来自全国各地的游客络绎不绝，对于进一步扩大陕西茯茶的市场品牌影响大有裨益。

2016 年 6 月 26 日，讲述茯茶人的微电影《米兰之恋》在茯茶小镇开机。此外还有歌曲《茯茶情歌》、微电影《茯茶的故事》、宣传片《茯砖茶韵》等等一大批展示茯茶历史文化的优秀文艺作品相继问世。

2018 年 2 月 1 日，英国首相特蕾莎·梅和丈夫菲利普·梅访问我国。在北京钓鱼台国宾馆，我国领导人与其进行茶叙，所品之茶就有来自陕西泾阳的茯茶，受到了英国首相的青睐。这让多年来倾心于茯茶当代复兴的陕西茶人无比激动与振奋。

2018 年 4 月 30 日，集中展示陕西茯茶历史文化的博物馆正式开馆。该博物馆坐落于陕西省西咸新区泾河新城茯茶小镇。

整个博物馆共三层，第一层为茯茶历史文化核心展示区，分茯茶溯源、千年宗祖、丝路飘香、筑茶工艺、金花奥秘、陕西茶商、茯茶圆梦七个部分；第二层为茯茶文化演艺空间，包括主题演艺剧场、简餐厅以及特色商铺等；第三层主要用于茶文化培训与交流。

该馆重点打造茯道、茯宴、茯窖三大特色品牌。具体来说，茯道主要以馆展与剧场演艺活动来扩大茯茶历史文化的宣传；茯宴则重点借助茯茶所独具的金花来打造以茯茶为主题的绿色健康餐饮；茯窖主要以恒温恒湿的储藏环境来打造茯茶的窖藏文化，目前该馆有茶窖三座，可储藏茯茶约 30 吨。

在深入挖掘茯茶厚重历史文化内涵的同时，加大科技研发力度也是茯茶持续繁荣发展的有力支撑。为此，2018 年 1 月 11 日，西北农林科技大学泾阳茯茶研发中心在泾阳县正式成立。

正是因为有着省市县各级政府及相关部门的大力支持，茯茶产业在近年来取得了长足发展。

改革开放以来，陕西茶产业整体发展缓慢。而自 2008 年开启茯茶文化复兴计划，特别是我国实施“一带一路”倡议以来，茯茶产业的发展，无论是茯茶生产企业数量，还是茯茶生产量，以及茯茶市场销售，等等，都呈现出蓬勃的生机与活力。

2009 年，陕西省首家茯茶加工企业成立。两年后，泾阳县第一家茯茶生产企业成立。在此之后，茯茶生产企业如雨后春笋般涌现。据统计，截至 2016 年茯茶加工企业已有 47 家，其中咸阳市区 2 家，泾阳县 45 家。而到了 2018 年，泾阳全县的茯茶生产企业则增加到了 51 家，从业人数 1 万多人。2016 年，泾阳县全县生产茯茶 2 万吨，产值达 24 亿元人民币。2017 年，全县各类茯茶销售企业已超过百家，传统营销网点 1300 多个，开设有“县长茯茶店”等销售网点 100 多个，形成了线上、线下全方位的营销网络体系。

目前，茯茶的原料主要来自湖南，陕南的安康、汉中和商洛，此外还有少部分来自四川、云南等地。为了降低生产成本，陕西大力发展陕南茶园种植，同时更是积极推动咸阳、汉中、安康开展茶产业的战略合作。截至 2017 年 5 月 30 日，陕西省茶园面积达 260.1 万亩，产值 117.8 亿元人民币。2017 年陕西茶园面积的增幅和综合效益增长均居全国前三位。省内种茶家庭农场 4968 个，茶产业从业人员超过 200 万人。这就为茯茶的生产提供了充足的原料。

就市场销售情况来看，茯茶销量近几年一直呈现出飞速上升的趋势。如 2010 年茯茶的市场销售总额为 400 万元，2011 年则增长到 1400 万元，2012 年则为 8300 万元，2013 年达到 3.5 亿元，2015 年的销售总额更是突破了 10 亿元人民币。

再从近年国际茶叶市场需求来看，我国茶叶市场出口一直保持稳定的增长态势。就英国这个非产茶的国家而言，其茶叶进口量居于世界首位，全国人口中饮茶者比例高达 77%。据统计，2018 年 3 月我国茶叶出口各国销量排行中，英国位居榜首。至于俄罗斯，饮茶人口比例更是达到了 95%。而且这些国家的茶叶消费呈现出明显的增长趋势。据海关统计，2015 年我国茶叶出口 32.5 万吨，同比上升 7.8%；金额约 13.8 亿元人民币，同比上升 8.6%；平均单价 4252 美元 / 吨，同比上升 0.7%。而该年度，我国茶叶仅对“一带一路”沿线国家的出口量就达 8.2 万吨，同比增长 15.2%；对东盟地区出口 1.3 万吨，同比增长 41.4%；对中东欧十六国出口 4364 吨，同比增长 44.9%；对拉美地区出口 1472 吨，同比增长 31.5%。位于中亚的乌兹别克斯坦，是丝绸之路经济带上的一个重要国家，与中国有着悠久的贸易往来传统。2015 年，该国进口茶叶量达 2.7 万吨，同比增长 63.5%，跃居为我国茶叶出口第二大主销市场。

由此可见，茯茶的市场前景非常广阔。

陕西与茯茶有说不完的故事，从近代陕商周莹说起，到当下陕西新一代黑茶王纪晓明、带驼队重返古丝路的马恒光等，他们与茯茶结缘。本章通过这些与茯茶有关的人，讲述他们的茯茶故事，以人点明茶与文化、与人生的因缘。

第三章 茶人史話

周莹　安吴寡妇的茯茶传奇

2017年热播电视连续剧《那年花开月正圆》的主人公原型，就是在中国近代史上赫赫有名的陕西省泾阳县的安吴寡妇周莹。据史料记载，周莹（1868—1910年）是陕西省三原县鲁桥镇孟店村人，其娘家本为名门世族，后家道中落，跟着哥嫂一起生活。周莹17岁嫁入泾阳安吴镇吴家堡吴家，丈夫为通奉大夫吴蔚文之子、资政大夫吴介侯。按现在的话说，吴家本是商人之家，却享受着公务员待遇。由此可见，其家族在当时是何等荣耀。不幸的是，周莹这个新媳妇走进吴家没多久，丈夫就病故了。此后，周莹便成了名副其实的寡妇吴周氏。在公公吴蔚文去世之后，周莹义无反顾地接手了吴家的大小商号，其中就包括吴家起家的产业——官茶的经营。当时，吴家经营的官茶主要就是茯茶。关于吴家经营茯茶还有一段故事。

有一年，泾阳茶叶奇才邓鉴堂因与大茶商马合盛竞争失败后流落街头，周莹得知后亲自带着重金把邓鉴堂请到吴家当茶庄的掌柜。邓鉴堂不愧是茶叶奇才，经过一番努力，吴家的“天泰”和“德恒”牌砖茶很快就在西北畅销起来。初时，吴家的“裕兴重”两年多时间没有卖出去一封茯茶，而且还大量收购茯茶，大家对此议论纷纷，建议周莹辞掉邓鉴堂，但周莹坚持任用他。后来，茶叶行情看涨，因为邓鉴堂所管的茶号有大量的存货，一下卖出了一个好价钱，商号资产多达四五十万两白银，稳扎稳打地坐上了泾阳茶行的头把交椅。吴家一时成为晚清的陕西巨富。

1900年，八国联军进攻北京，慈禧太后逃难至西安，住在行宫（今西安南院门），时年32岁的吴周氏——周莹觐见了慈禧太后。据王兴林《泾阳史话续集》称，周莹给慈禧带了很多贵重礼物：珍珠手串一件、象牙凉席两件、金佛像一尊、景泰蓝香炉一个、楠木卧床一张、楠木小圆瓶八个、金猴一个、景泰蓝食盒一对。另据《陕西省志·人物志（中）》记载，周莹还给朝廷捐了10万两白银。此外，周莹给慈禧所带的贡品中，还有茯茶。关于茯茶，有这样一个小故事：据说周莹带着茯茶上贡时，对慈禧太后说这是她家乡产的茯茶。因为“茯”与“福”谐音，慈禧听成了“福茶”，连对“福茶”叫好不已。据说，这也是茯茶被称为“福茶”的缘由。

吴周氏向艰难中的慈禧献银10万两，助其抗敌，并送楠木屏风，慈禧因此感动，当即收周莹为“义女”，并封吴周氏为一品诰命夫人，亲手书下了“护国夫人”的牌匾以示嘉奖。据说，《辛丑条约》签订后，周莹仍给慈禧和朝廷捐了不少银两。

回顾周莹的一生，短短42个春秋——从嫁入吴家算起，则是25个寒暑，却将吴家的产业发展到了一个前所未有的盛局。关于周莹的传奇故事很多，据记载，她从掌管一个群龙无首的商业大摊子到最后拥有职工1000余人，仅财务人员就有260人之多。这个数字，在今天商业如此发达的现代社会里，恐怕也没有多少

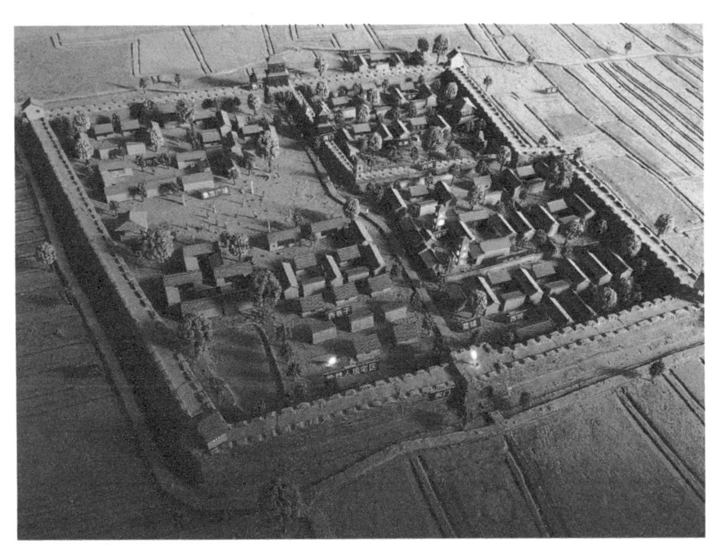

安吴堡吴氏庄园复原缩略图

企业可以比肩。

在周莹掌管吴家的25年里，吴家的业务遍及上海、江苏、湖北、四川、甘肃等地，甚至有进出口贸易，产业涉及典当、金融、医药、土地、房产等，自主经营项目有盐、粮、棉、铁、布、木材、土特产和珠宝钱庄、酒楼以及茶叶。其中，茶叶是各种经营内容中非常重要的一种。吴家生产的泾阳茯茶名重一时，甚至通过丝绸之路、茶马古道以及海运输送，销售到了国外。今天，当我们谈论泾阳茯茶时，周莹是无法绕过去的一个人。可以说，周莹是近代将泾阳茯茶推向世界的几个人之一。

社树姚　一个家族的茯茶史

明清时期修建的姚家祠堂

明清时期，陕西关中地区曾出现过一批叱咤商界的家族，有的号称“关中巨富”，也有的被称为“盖省财东”，这些“富户”是当时当仁不让的家族财团。明清时期陕商雄浑的经济实力，从他们身上也可见一斑。这些家族通过自己的努力，在中国商业史上创造了富甲天下的财富神话，也颠覆了现代以来有些人所谓的“秦商至庸”的谬断。

明清时期关中地区流行一句民谣，就是“东刘、西孟、社树姚，不如王桥一撮毛”。其中，“王桥”指的是泾阳县王桥镇的巨富于家，东刘、西孟、社树姚都是周边的豪门大户。虽然后三者被说成“不如王桥一撮毛”，但实际上，“社树姚”——泾阳县社树堡（即现在泾阳县王桥镇社树村）的姚家一度为泾阳首富，实力不容小觑。

古典文学大家霍松林先生曾有诗曰："嵯峨山下有高门，李靖家乡育伟人。爱国赤忱燃笔底，诗豪草圣冠群伦。"其中，"嵯峨山下"指的便是北靠嵯峨山（当地人也称之为邙山），南边临着泾河。在泾阳县城西 10 余里处的王桥与石桥一带，被称为桥川川道的社树堡就在那里。

明代初年，当时的政府对陕西实行"食盐开中""茶马交易"的特殊政策，陕西商人南下江苏、浙江一带，北上山西北部和内蒙古一带，西到四川、重庆一带，跨州越县，物流华夏，成为中国古代最早的商帮之一。其中，泾阳县社树堡的姚家就是著名的代表之一。姚家在清代后期和民国时期一度是泾阳首富。他们同样以经营茯茶起家，后来转向盐、皮货、药材，乃至黄金等生意。姚家的字号一度走出陕西，近到四川，远到印尼。

据记载，社树姚氏祖上系明代初年从河南迁入陕西的移民。姚家祖上有人曾赴四川，刚入川时为当地商户和陕商做伙计，后来逐渐脱离了商家，在四川做起了掮客（中间人），从而获得了第一桶金。明朝中后期，姚家后人获得机会，开始做茶引商贸，获利很大，开始在老家置办田地，快速积累了不少生产和生活财富。清朝的康熙年间（1662—1722 年），姚家后代子孙姚昂干承其祖业，在四川的雅安等少数民族聚集地继续往来经商，因筹划有方、行商有道，获得了丰厚的利润。姚昂干为姚家在四川和西康等地的生意打下了坚实的基础。他主持总号之后，先在绵州、泸定、泸州、重庆等川渝腹地，继而在四川和湖北的重要县城、市镇、各商贸集散的繁华码头设立统一的商号——“永聚公”。这期间，姚昂千将陕西的“团茶”技术引入川藏地区，在雅安将川南名山、天全、邛崃及射洪等五个县区的茶压制成茯砖茶后，以自主创立的商标统一运销。据记载，全盛时期，姚家“一家认引九千一百引”，制茶、售茶910万斤，几乎占到康藏川茶4500万斤总量的1/4。除了茶叶，姚家还做棉布和药材的生意，在成都、重庆、汉口、苏州、上海等地都有商号。通过不断积累的财富和扩大的经营范围，社树姚家一跃成了泾阳名副其实的“四大富户”之一，也是名扬川陕的“盖省财东”。

据当地老人传说，姚家当年的老宅，几乎把社树村的整个村子盖完了，耗资巨大。姚家老宅的构成是九进式的庞大建筑群，气势非凡，包含了书房三间、后花园一座、水井一口，如此规模，在泾阳屈指可数。除了九进院落的大院，姚家在村东还盖有偏宅，包括土地堂一座、街房二间、楼后井房杂房三间等。在老宅外西南角还有座“魁星楼”，专供朝拜孔子。姚家虽然专心于家族产业经营，但也非常注重自家子弟的品行修为。到姚家第九代姚文青时，由于当地富家后生中出现赌博等陋习，为了远避，姚文青决定举家迁至西安。据姚文青的后人说，姚文青一生喜欢读书、写诗，与于右任、吴宓等关中的近代文化

姚家祠堂柱基上以茯茶为内容的雕刻

名人都是挚友。姚文青曾与于右任一起建立了泾阳县的第一所新式中学；花巨资购买全套的《四部备要》捐赠给了当时的泾阳县图书馆。姚文青自己藏书10万册，临终前将仅剩的千册图书送给了吴宓的一个关门弟子。如今，坐落于西安市芦荡巷（又称卢进士巷）39号、堪称西安城保存最为完好的唯一一座“陕商大院”便是社树姚家第九代传人姚文青购买并建造的姚家大院。《秦商史话》的作者章学锋评价说：“姚家大院所体现的，是秦商的风骨。”

作为姚家产业之一的老字号茯茶，算起来，距今已有几百年历史。据说当年林则徐去新疆，曾路经泾阳，品过姚家茯茶，为姚家题写过堂号“恒昌堂”，并拟有对联“心作良茶百世耕之有余，德为至宝一生用之不尽”，表达心中美好期望。此后，姚家便以“恒昌堂”作为品牌，以“心作良茶”作为茯茶制作与销售的传世家训。另外，清朝著名官吏、书法家严树森曾为姚家题写过神道碑——“元驸马都尉姚氏合族始祖神道碑”，碑上的刻文追溯了姚家的历史渊源。据传，姚家人以茶交友，以友人带人气，以人气带商气，以商气带财气，因此生意越做越大，沿着丝绸之路一直走向了世界。

雅安是姚家茶叶生意的一个重要据点。姚家在雅安的“天增公”商号是当时雅安地区最大的茶叶商号，一度垄断了川藏地区的茶叶贸易，尤其是到了姚昂干和姚文青这一代人时，姚家成为整个秦商界的代表，是陕西商人在四川的“茶叶大王”，可以说姚家步入了鼎盛时期。可见，当时姚家茯茶的经销在泾阳处于绝对的重要地位。

1929 年，陕西大旱，开始了空前的大饥荒，据统计，仅出逃和被卖出的妇女儿童即多达 78 万人。姚文青在这种情况下，捐款 5000 大洋赈灾。当时陕西有一个军阀头子，打算借用赈灾的名义向姚文青巧取豪夺一大笔钱财，并扬言要扣押姚文青的家人。正在川藏一带做茶叶生意的姚文青当即拒绝了军阀的威胁，然后发电报让家属和亲人立即撤离泾阳、西安。之后，姚文青将家迁至南方。抗日战争结束前，姚文青将家搬到了四川雅安，西安芦荡巷的姚家大院成了泾阳姚家到西安的落脚地。民国局势稳定后，姚文青因为生意脱不开身，先后让岳母与自己的母亲、姨娘住了进来。由此可见，姚家的茶叶经营与布局以南方和川藏地区为中心。

支撑姚家商业帝国历经 300 余年而不衰的原因，从姚文青临终前留下的具有历史总结意味的《泾阳社树姚家商业经营概况》中可略知究竟。这篇文章不长，却能让今人看到姚家商号经营的概貌，更可以得窥近代中国传统商号的经营特色。传统商号的规章制度之整饬，经营理念之诚直持久，各项事务的规定之详细、思虑之周密，令人不得不叹服。姚家包括茯茶经营在内的商业集团之所以能做大做强、长久不衰，也可由此得明就里。

用现代企业管理的理念来看，姚家的经营，已经分别从人事管理、劳资管理、业务分工、绩效考核、奖惩制度、财务制度、值班制度、晋升制度、入股分红、年终奖励、企业年会等多方面，进行了严格的现代化管理。此外，其按照董事会制度对总经理、经理人选采用聘用制和任命制的做法，更是走在了中国民营企业经营的前列。正是有了如此完备的管理经验，姚家商业帝国才得以长久支撑。可以说，姚文青先生是一代儒商。

与泾阳众多老茶堂口一样，姚家丢失茯茶的制作技艺也是

姚家老宅蝙蝠纹样雕刻

在20世纪中期。因为前文述说过的原因，泾阳茯茶一度停产，“恒昌堂”也因此进入了沉睡期，传统制茶工艺因停产而失传。改革开放以后，社树姚村“恒昌堂”后辈姚太章、姚太茂在拆除老房的过程中发现了“恒昌堂宝砖”的制茶秘方工艺。为继续发扬这一传统制茶工艺，姚太章的女婿穆民和姚太茂的女婿杜建琦等人悉心钻研、反复试验，并聘请老茶师按照秘方要求，利用老配方，结合新工艺，经过数十次试制，终于生产出精品宝砖茯茶。据说，为了恢复生产“恒昌堂宝砖”茶，穆民四下湖南安化、五赴云南普洱茶产地考察原茶，按照秘方要求，在生产制作宝砖茶的原址即泾阳县王桥镇修建了茶厂。如今，担任自己茶厂董事长的穆民，作为姚家“恒昌堂”茯茶的传承人，做茯茶已 10 多年。这几年，考虑到文化传承问题，他谋划着将“恒昌堂”再次推向社会，使其进入公众的视野。而在之前的 10 余年里，姚家“恒昌堂”的茯茶多用于馈赠中外友好人士，生产、销售量都比较有限，2015 年，穆民向 35 个国家的大使赠送了姚家“恒昌堂”压制的茯茶。

目前，姚家的百年老号“恒昌堂”正和泾阳众多制茶人和制茶企业一样，以自己对茯茶技艺与文化的挖掘、继承和发扬，在新的历史与社会条件下，去完成属于他们的历史使命。

县前八老　茯茶的复兴之梦

20世纪后半叶以来，民间关于泾阳茯茶的故事有很多，在七八十年代就有“县前八老”发掘茯茶的说法。在各执一词的众多说法中，真实的情形一直影影绰绰，不甚清晰。

2008年前，泾阳的年轻一代对“泾阳茯茶”这四个字的认识，几乎是一片空白或至少有一定的陌生感。就在这一年，朱全胜老人联合李巧云、赵世民、刘百顺、张云涛、李满洋、田生林、段学义等七位老人，出于对泾阳茯茶的历史责任感，开启了“八老”的茯茶之梦。他们本着老有所思、老有所乐、老有所事、老有所为的理念，以及续茶缘、考工艺、究数据的求实精神，要挖掘并恢复中断了半个多世纪的泾阳茯茶的制作工艺。八位老人要恢复茯茶的故事迅速流传开来，“八老”的名声也由此而来。

“县前街”是八位老人共同居住地的地理位置。县前街在清末民国时期是泾阳茯茶制作、交易的聚集地之一。除了共同的居住地，“八老”另一个共同点就是与茯茶结缘，或于20世纪中叶曾先后在陕西咸阳人民茯茶厂（1951年称“泾阳茶厂”）工作过，或其祖上就是制茶、经营茯茶的人。比如，现任职陕西一家茯茶公司生产顾问的朱全胜老人就曾是陕西咸阳人民茯茶厂的一员；而李巧云老人作为“八老”中唯一的女性，则是“裕兴重”掌柜邓鉴堂的孙媳。

“县前八老”在泾阳吹响了茯茶复兴的号角。之后，在泾阳地方政府的支持下，很快成立了泾阳县“复兴盛茶业专业合作社”。如果说2008年前泾阳的年轻一代对茯茶描绘不清的话，那么，2008年之后，因为“县前八老”复兴茯茶的举动，泾阳茯茶逐渐开始被人重新认知，到后来几乎人人都能讲出一段关于泾阳茯茶的故事来。

事实上，“县前八老”就是泾阳茯茶的催化剂，这个称谓在泾阳内外有一定的争议，但所有制茶人都认同一点，即不管“县前八老”是口号还是噱头，他们确实以其努力，恢复了制作茯茶的工艺，也使茯茶让更多的人所知，有意无意地宣传了泾阳茯茶，更为茯茶的历史性传承提供了更多具有说服力的依据。从某种意义上说，“县前八老”就是新世纪泾阳茯茶的布道者，为泾阳茯茶界做了一只传播泾阳茯茶的小喇叭，用平实的力量，传递泾阳茯茶的能量。比如，李巧云老人及其家人的存在，在茯茶复兴过程中，对于“裕兴重”这个品牌的历史延续，就起到了纽带式的作用。也可以这样说，“县前八老”是21世纪初茯茶复兴的一个可供辨认的标识，即使人们对其还有质疑。某种意义上说，正因为有争议，它也提供了一个人们谈论茯茶时值得探讨的话题。

2008年秋，泾阳茶叶奇才邓鉴堂的孙媳、泾阳茯茶“县前八老”之一的李巧云，在邓鉴堂的老宅中找到了一套生产泾阳茯茶的茶梆，这是泾阳茯茶恢复生产以来找到的第一套茶梆。

水壶

2011 年，邓鉴堂的曾孙女邓亚蓉，本着传承弘扬泾阳茯砖茶历史文化的目的，和家人自筹资金 1000 万元，创办了茯砖茶业公司。他们企业品牌的标识，即由其祖父邓鉴堂老先生的头像和“裕兴重”茶业字号构成。前文曾提及，邓鉴堂是泾阳茶叶界的奇才，安吴堡的周莹非常欣赏他的商业才能，并重用他。也因此，他一度在泾阳茶商界叱咤风云。如今，邓亚蓉又重操曾祖父邓鉴堂的旧业——茯茶，出手果然不凡，产品先后获得“第七届中国（深圳）国际茶业博览会优质奖”、“第八届西安茶业博览会金奖”和第十九届中国杨凌农高会最高奖——“后稷特别奖”。

如今，除了“八老”中的田生林老人已经去世，其余七位老人都受聘于泾阳茯茶产业大军的各个制茶企业，担任技术顾问等职，继续为泾阳茯茶发挥着余热。

贾根社　倔强的茯茶守艺人

如果说“县前八老”吹响了21世纪振兴茯茶的集结号，旨在接续茯茶传统工艺，弘扬茯茶的历史文化，那么，贾根社放弃稳定的建筑事业，身体力行，成功恢复泾阳茯茶制作技艺，在2011年被命名为该项非物质文化遗产代表性传承人，既可看作是一个家族事业振兴的圆梦之旅，也可认为是泾阳茯茶复兴圆梦的一个代表。

“宋熙宁间，社会变革，泾阳茯茶锦绣繁荣，自茶马互市以来，一直到金元兴盛不衰。贾家的老商号官商茂盛店得以传承复兴，离不开我父亲（公公）贾根社。”关于茯茶与其家族的历史传承，贾根社的儿媳妇庞宇是这样说的。

农民出身的贾根社，肤色黝黑，身材魁梧。在“泾阳砖茶制作技艺传承人”贾根社的身上，隐约还能看到他昔日作为一个成功房地产商的影子。2003年秋，贾根社在重建自家老宅，拆除老土墙时，挖出了祖辈深藏的制茶茶谱，以及他的父亲于20世纪80年代初偷偷做的数块茯茶。据庞宇说，当自家的茯茶被发现后，她的公公做出了一个惊人的决定：放弃房地产业，南下考察制茶，重新恢复家族的茯茶产业。这一决定，当时遭到了全家人尤其是她的婆婆的强烈反对。虽然贾家祖上就是制茶人，且有响当当的名号，但放弃稳定红火的地产业，去做不知成败的茶业，即使现在看来，也不是什么明智之举。生性倔强的贾根社顶着种种压力举步维艰地走上这条茯茶之路。2004

年，广东佛山一位资深茶友来到泾阳寻找老茶砖，在老贾家第一次看到了泾阳茯茶的实物。这位茶友告诉贾根社，自己在湖南白沙溪得知泾阳是茯茶诞生地，便一路找寻到此。茶友对泾阳茯茶的向往使贾根社内心更加坚定，2005 年秋他便起身去了白沙溪的茶厂，开始南下访茶之旅。2006 年 9 月，贾根社带着已经传了贾家十二代人的制茶谱，开始了他与茯茶的不解之缘。

贾根社首先要做的自然是寻根溯源。当初制茶的那片茶山在哪？带着这个问题，他开拔出营。他的第一站便是梅城，辗转半月有余，却无功而返。2007 年，贾根社再次踏上了他的寻茶之旅。幸运的是，这一次他在安化如愿见到了安化黑茶茶叶协会原会长伍湘安先生。一席长谈后，他更加坚定了继承祖业、复兴茯茶的梦想。2008 年 11 月，贾根社带着之前在自己的建筑工地做工的刘百顺、朱全胜两位老人，第三次下湖南。这也是“县前八老”中的部分人员第一次到达安化。抵达湖南后，他们先后在益阳、梅城、乐安镇等地逐一寻访当年茶山踪迹。最后，根据祖辈的图文，贾根社沿资江而上，下至敷溪，终于在资水沿岸的山区找到了祖辈制作贡茶取原料的茶山。

原材料找到了，祖本也有，接下来就是制作了。凭着儿时随父亲制茶的点滴记忆，以及祖本的指引，贾根社的胆子大了起来。两车毛茶与他一起回到了泾阳。于是乎，试制开始了……

摆放整齐的茯砖

万事开头难，有时是出乎意料的难。试制茯茶，贾根社遇到了许多未曾料到的问题。据贾根社自己讲，制茶之初，试作失败的茶叶都不知有多少吨。2009 年，贾根社第四次下湖南，考察黑毛茶工艺。这一次他带着团队直奔乐安等地，选取了 11 车原料后便在安化住了下来。两年时间里，贾根社亲自动手，将原茶加工成了毛茶。

为了完善茯茶文化，贾根社跑遍了甘肃、新疆、西藏等地，只为寻找到最古老的茯茶。他相信，根据藏民只喝新茶的习惯，陈年老茶一定会找到的。功夫不负有心人，最终他找到了若干块泾阳产的老茯茶。最令他感到兴奋的是，其中竟然有自家祖上制作的老茶。

从 2005 年初贾根社开始南下访茶，到 2009 年 2 月成立茶业公司，用了整整 4 年时间，而就在这 4 年中，泾阳茯茶在中国黑茶界异军突起。贾根社以自己对茯茶的热爱和孜孜不倦的追寻，走在了泾阳茯茶复兴阵营的前列。在他茶室的墙上，满满当当地挂着整整一面墙的牌子，一块“茯砖茶传承人”的牌子格外庄重，也格外来之不易。贾根社的夫人多次向别人“数说”（方言，意为介绍）自己的丈夫：“我家这人只知道做茶！总看不惯别人用机器、用其他茶叶做的所谓茯茶。别看他现在坐在这里，平时经常挽起袖子自己制茶。”的确如此。贾根社的茶室墙上除了“传承人”的牌子之外，还有诸如专利证书、

贾根社创办的茯茶博物馆

“陕西十佳茶人”、“著名商标”及先进企业、先进个人等奖牌和匾额。这些被贾根社说成是“牌牌”的各类证书和荣誉，是他十多年如一日的坚守换来的。

贾根社的茶庄后，是他设计自建的茯茶文化传承馆。风格厚重的木结构仿古建筑，门窗上漆画与雕刻相结合，假山、壁画、回廊、带阁楼的房子，共同组合成一个两进三出的关中古老院落。前屋连着门厅，朱红大木门正对通往后院的回廊。墙壁上，茶山犹现眼前，采茶、选茶、炮制、加工、出品、运输、交易，简单的画面，仿佛一眼千年，带人们回到了那个茶事鼎盛的百年时空。

从朝着街边的店面后门进入院中，会看到一个别有洞天的世界。这里就是贾根社制茶、发酵、储藏的核心区域，也是贾根社的茯茶博物馆。主屋厅门里，两面茯茶制作的装饰墙与“梅兰永香”的文物级牌匾完美组合。茯茶的醇厚茶香扑鼻而来。正对厅门的位置，一块名为“天下第一砖”的茯茶矗立正中。其高 1.068 米，意为纪念泾阳砖茶在历史文献最早的记录为北宋神宗熙宁元年（1068 年）；宽 50 厘米，意为纪念泾阳茯茶在泾阳停止生产到茯茶试制成功断档的 50 年；厚 10 厘米，意在纪念从 2005 年成立根社茶业，到 2015 年制“天下第一砖”的 10 年茯茶复兴之路。据介绍，这块砖并非单纯的观赏所用，而是可以和其他茶一样拿来饮用的。在这个展厅里，主人对制作茯茶的每个环节，都希望尽可能做到细致可见。从筛选、打吊（称重）、炒茶、熬釉，均做到真实还原。尤其熬釉环节中，舀汤的大勺、小勺都分别陈列其中。在顶楼的风干室，成排的茯茶初品犹如等待检阅的部队一样排列整齐。像原来关中人盖房用的胡基（陕西方言：土坯）一样大小的茶砖包装上，签署着倒砖人的姓名和每次倒砖的日期，以保证茯茶能被充分地倒砖，同时确保产品质量。在仓储发酵室，按类划分，分区存放的茶砖透着浓郁的茶香。而就是这些茯茶，在风干后，还要再进行倒仓发酵（也称“醒茶”），陈化三年之后才会分割包装、出售。

贾根社是宽厚的，是豪爽的，更是将目光向前看的。在这个坚持以手工制作，坚持做放心茶、安心茶、舒心茶为己任的“茯茶技艺传承人”看来，自己现在的主要任务，不是——至少不能单单是挣钱，而是“将真正的茯茶制作工艺传承下去”。

如果用一句话来概括这位新时代的茶人，或许，“源于匠心，成于功夫”是最适合贾根社的。

高续『老字号』的新掌门

泾阳茯茶在迄今600多年的历史发展中，涌现出了一个又一个代表性的字号品牌，“天泰运”（“天泰”字号最大的商号）号便是其中的一个。

根据《泾阳城区茶叶商号名称一览表（1935年）》的记载，坐落在泾阳县骆驼巷的“天泰运”号在当时的资本额为5000元。另据徐民主编著的《天下第一砖》所述，“天泰”字号的商号，在民国时遍布于陕、甘、宁、川等地；单各处专营茶叶的分号掌柜就达36人之多。虽然“天泰运”号在当时算不上泾阳茯茶界的龙首旗幡，但也称得上是一方诸侯式的行业精英。可惜的是，“天泰运”号后来的命运也和其他茯茶商号一样，在历史的风云中经历消沉、转化之后，汇入了大集体的河流，最后终于淡出了泾阳人的记忆。

21世纪以来，在泾阳当地酝酿着茯茶复兴的当口，2007年，“天泰运”号的大旗再次竖起。这就不能不提到一位女性——“天泰运”号复兴的亲历者巩军红。

巩军红早年曾做过5年地方上的民办人民教师。5年间，她先后多次获得县级“优秀辅导员”“优秀教师”“优秀班主任”等荣誉称号。对于一般的农村人而言，似乎应该心满意足、安于本职了。但所有的事情再好也会有美中不足，而巩女士的美中不足便是家里第二个宝贝疙瘩的诞生。当时，她既要工作，又要照顾一对子女，就显得有些力不从心。于是，怀着“哪怕工作不干，也不能误人子弟”的念想，她果断辞了职。

那时，一切都方兴未艾。辞职后，在父亲巩青西（当时任职于省茶业公司）的帮助下，她筹措了 2 万余元，做起了当时地方的代表性茶叶——茉莉花茶和其他的百货类生意。父亲巩青西于 1953 年抗美援朝回国后转业。由于受到其父亲（巩军红祖父，曾为“天泰运”掌柜）的影响，他转业至省供销联社茶叶科，从科员至科长，再到主管全省茶叶经营，可谓子承父业。巩军红辞去教职投身商业的时候，正赶上 20 世纪 80 年代中期社会经济的大发展。此后不久，赚了些钱的巩女士与丈夫又再次跨行业，进入客运运输经营行列。用巩军红的话说，也正是这客运运输让他们一家攒下了第一桶金。

巩军红出身教师行列，她的丈夫高续、“天泰运”的新掌门人也不简单。高续的外祖父为清末民初泾阳县茯茶经营的佼佼者——“天泰”字号的总掌柜李琦周。小时候，高续就经常听母亲讲述外祖父当年叱咤茶市、运筹茶业的辉煌事迹，及至成人，这些往事都深深地印在了心里，并痴迷上了茶，甚至被妻子戏称为“茶疯子”。这个生下来便与茶有缘的人，当时是个纺织厂的采购员。见妻子开起茶叶店，对茯茶有着非同一般感情的高续便毅然决然地投身到自家的生意中来。

如果说高续、巩军红这对夫妻的祖辈们与茶的结缘是历史的巧合，那么他们的结合在今天看来更像是门当户对、天生有

茯茶茶汤

缘——他们祖上都与“天泰”有着密不可分的联系。由此，说高续是“天泰运”新掌门人，也就是顺理成章的了。

1988年，经营茶叶店的巩军红无意间听人说，县城街道上有人在售卖茯茶。得知这一消息后，夫妻俩关了店门骑着自行车便奔了过去。他们当时只想看一看这传说中的茯茶到底长什么样子。而这一看，便在两个人的心里埋下了种子。用巩军红的话说，自从见过茯茶之后，高续就着了魔一般，一有空闲便骑着自行车在泾阳县城寻找当年的制茶老人，非得把茯茶弄明白不可。与此同时，受巩青西的影响和指导，夫妻俩用心钻研学习茶叶的购销，探究茶叶经营的奥秘。终于，他们在1995年成立了自己的茶业公司，并且在茶叶主产区建立了自己的茶叶基地，使主销的茉莉花茶叶做到了自采、自制、自销的产销一条龙。这种经营模式，在当时的经济市场中堪称前卫。

茶叶基地有了，生产线有了，资金也源源不断地滚了进来，但夫妻俩总觉得少了点什么。对，是茯茶。自从第一次看到茯茶开始，他们就没有放下过对茯茶的探索和想望。于是，从2002年起，他们再次全城搜索，寻找制茶人，并根据老前辈的回忆开始逐步试制、请人品尝、请专家鉴定。虽然试制之初和贾根社一样，没有成功，但最终功夫不负有心人，还是做成了。茯茶做成了，但市场在哪里？只凭借着多年的经营经验，没人认识、没有大的宣传，怎么敢投入量产？所以，此事便在试制成功后差点搁浅了。用巩军红的话说，当时也就只为自己的能力做了一个证明。

2004年，高续夫妇的企业扩大经营，新组建了一个茶业公司，并新建福建大湖山茶叶基地，在当地政府的大力支持下，研发自己的铁观音系列产品。也是在这一年，高续获得了国家认证的“高级评茶员”资质。民间有句话说，好事来了挡不住。它的另一个说法是，机遇只留给那些有准备的人。高续、巩军红或许就是这样的幸运者和有准备者。当他们的茯茶试制成功不久，正准备搁浅的时候，泾阳县开始大力推广茯茶。顺势而生的茯茶企业如雨后春笋般争相出现。高续与巩军红也是此行列中的一员。2007年，他们在县城建起了占地10亩的茯茶生产加工厂，2008年正式投产。其产品先后获得杨凌农高会后稷奖、西安国际茶博会金奖、深圳茶博会金奖等众多奖项。

据巩军红说，他们企业送检的原料散茶质检60项全部合格，生产的茯茶金花含量达到99.95%，位列全国所有该类产品之首。正因如此，人民大会堂的招待用茶一度由他们生产。之所以会有如此成绩，用巩军红的话说，这一切离不开他们家的“茶疯子”高续。自从经营茶叶开始，高续视茶如命，哪里有好茶源，哪里有好茶叶，他都会不顾一切直冲过去。对于茯

茯茶茶汤

茶，高续更是如此。老汤上釉、传统工艺加工、自然发花、纯手工制作、原料茶存放两年以祛除农药残留，不做分装、不贴牌等一系列规矩在高续这里执行得毫不含糊。即便在生产中因为资金原因不得不卖掉正在营运的两辆客运班车，也不愿违规操作，早获现钱。这就是被妻子称为“茶疯子”、被外人称为“茶痴”的高续。

前几年，为了配合泾阳县老城改造，巩军红他们放弃了原来的10亩制茶场地，新建了现在的生产二厂。如今，急需的

是按规定完成最后的土地手续问题。之后等待回迁，重启原来的第一车间，兴建自己的茯茶展厅（博物馆），做好祖辈留下来的茯茶。

从 1935 年位于骆驼巷“天泰”号的 5000 元资本额，到今天新的公司总投资超过 1000 余万元人民币的产业规模，高续——这位出生于农村又与“天泰”根脉相连的新一代掌门人和他的妻子，与其他的茯茶制茶人一样，为泾阳茯茶的复兴而努力着。对于这对茯茶夫妇来说，他们的茯茶之路才刚刚开始。

纪晓明 新一代『黑茶王』

1984年，纪晓明毕业于安徽农学院（1995年更名为“安徽农业大学”），现任陕西苍山秦茶集团有限公司董事长。他是中国茶叶流通协会副会长、中国茶叶流通协会黑茶专业委员会执行副主任委员、全国茶叶标准化技术委员会（SAC/TC339）茯茶工作组副组长、全国茶叶标准化技术委员会委员、陕西省茶业协会会长；享受国务院特殊津贴专家；已列入中央人才工作协调小组统筹安排的国家“万人计划”、国家科技部“科技创新人才”、西安市高层次B类人才（A类人才空缺）。

投身茶业30余年，纪晓明对茶事满怀热爱，坚守理想，执着进取，为陕西乃至中国茶产业发展做出了贡献，也为推动陕茶产业升级立下很大功劳。作为陕西茯茶的领军人物，纪晓明对茶的情感和他的茯茶梦想，源自30多年前在大学校园的那份少年情怀。

1980年，年仅16岁的纪晓明从陕西考入安徽农学院机械制茶专业。大学期间，他几乎所有的时间都在图书馆和实验室度过。教科书上的一段文字曾给他留下深刻的印象，那是陈椽主编的全国高等院校教材《制茶学》一书第229页的第6段：“茯砖……用安化黑毛茶，踩成篾篓大包，运至陕西泾阳筑制茯砖，早期称‘湖茶’，因系伏天加工俗称‘伏茶’，也称‘泾阳砖’。”教科书上的这段文字让这位来自陕西的学生心潮澎湃：“原来，我们陕西是茯茶的发源地，也因此曾是中国最大的茶叶加工地和集散地。我很自豪，陕西人真厉害！可惜后来我们却失去了它，失去了整个产业！”少年情怀尽是诗，大学课堂上萌生的大胆念头——恢复陕西茯茶生产，定格为纪晓明此后 30 年的刻骨铭心。

1984 年，纪晓明大学毕业回到陕西，进入省供销社下属的茶叶公司，从事茶叶的采购和销售工作。随着改革开放和市场经济的发展，怀着一腔热情的纪晓明选择了自主创业，成立苍山茶业公司， 从陕西省茶叶公司到陕西苍山茶业，纪晓明创造了无数的商业奇迹，在很长一段时间，他们的茶叶销售数量在全国名列前茅。从毕业到 20 世纪 90 年代初，从一名普通员工到全国茶叶百强企业的舵手，纪晓明对茯茶复产始终痴心未改，曾经先后做过好几次调研，也曾多次建议复产陕西茯茶，但终没能如愿。

21 世纪初期，在陕西省委省政府的重视下，陕西茶业迎来大发展，此际可谓天时地利人和。2005 年 4 月，中国东西部合作与投资贸易洽谈会上，咸阳市政府与纪晓明的茯茶公司签订协议，建设生产线，着手恢复“茯砖茶传统筑制技艺”。2006 年，纪晓明带领他的研发团队，筹建茯茶生产线，攻坚克难，保护性发掘、恢复了“茯砖茶传统筑制技艺”，拯救了濒临灭绝的陕西非物质文化遗产和传统优势产业。2008 年，按照古法技艺筑制而成的茯茶产品重现茶界；2010 年投入批量生产；2011年，国内首个高标准清洁化的紧压茶生产体系——泾渭茯茶生产体系在中国传统茶区之外的咸阳建成投产，在业界引发了强烈震动，国内上百个茶企领导、80余名学界专家和一大批客商云集咸阳。纪晓明的茯茶公司成为陕西第一家保护性恢复发掘茯茶传统工艺、第一家完成茯茶产业链构建的领军企业。

中国茶叶流通协会常务副会长王庆赞叹："泾渭茯茶投产标志着我国边销茶以标准化为核心的工业化生产模式由此诞生，相信泾渭茯茶将再造一个鼎盛时代！"中国黑茶之父、湖南农大教授施兆鹏老先生几经辗转赶赴咸阳，年近八旬的施老激动地对纪晓明竖起大拇指，这位来自中国黑茶主产区湖南的学者以尊重史实的严谨和胸襟为陕西挥毫——"茯茶之源"！

"茯砖茶制作技艺"不仅是一种制茶方式，更是对中国传统文化的传承。纪晓明充分发掘茯茶深厚文化，传承古老技艺，在古丝绸之路的起点复兴了这一传统工艺，又把品质标准提升到新的高度。公司成立陕西中茯茶叶研究所，开展了茯茶表面发花、散茶发花等技术攻关，率先拿下了该项目的国家专利，并与安徽农业大学、湖南农业大学、西北农林科技大学和陕西科技大学等高校建立战略合作，迅速启动了茯茶保健功效动物实验和茯茶功能提取物研究。与其说这些是企业顺应市场需求的智慧之策，不如说是纪晓明这位陕西茶业领军人物不拘一格、敢于突破的产业远见。这一具有国际眼光的战略定位，使纪晓明生产的茯茶走在了国内黑茶行业的前沿。如今，企业已被认定为国家星火计划实施单位、国家林业和草原局茯茶工程技术中心、陕西省企业技术中心、陕西省高新技术企业。2016年，纪晓明的茯茶获得“国家科技进步二等奖”，这是中华人民共和国成立以来，茶叶行业问鼎的最高奖。“中茶协黑茶专委会秘书处”“全国茶叶标准化技术委员会茯茶工作组秘书处”相继落户纪晓明的茯茶公司，纪晓明生产的茯茶已站在了中国茶叶行业的最前沿。

2017年2月，占地200亩的“泾渭茶博园”项目破土动工。该项目在园区功能设计，生产体系的标准化、自动化、清洁化程度，科研实力等方面达到国际领先水

《制作泾阳砖茶的器具工艺图》

平；集智能化、物联网、现代信息技术于一体，含茯砖茶加工、茶饮料加工、速溶茶加工生产线、物流配送中心及茶文化博物馆等。纪晓明和员工们正摩拳擦掌，准备再大干一场。

纪晓明说："茶最能代表中国的传统历史和文化。中国的强大不应该仅仅是经济的强大，更重要应该是文化的强大。作为茶人，有责任把中国这种传统的优势、传统的文化传扬出去。"这或许就是这位恢复陕西茯茶传统工艺和茯茶产业复兴的发起者、推动者和领导者的中国式生活美学吧。

目前，泾渭茯茶国际化战略和海外板块布局正在稳步、有序实施，海外销售体系和团队正在建设中。泾渭茯茶正在逐步通过海外市场推广，引导海外爱茶人士更多认知中国茶，准确体验中国茶文化，提升海外茶友茶饮水平，为陕西茯茶乃至中国茶产品走向更为广阔的国际大市场贡献力量。

马恒光　带驼队重返古丝路

2000多年前，汉朝的张骞出使西域，为我们开启了一条贯通欧亚大陆的贸易通道，这就是著名的“丝绸之路”。它的起点在今天的陕西西安（汉代的长安），经过陇山，穿过河西走廊，抵达西亚，一直到今天的非洲和欧洲，全长7000多千米。陕西是古丝绸之路与茶马古道的起点区域，茶叶是这两条古道上重要的贸易商品之一，茯茶则是两条古道上的核心商品之一，被誉为古丝绸之路上的“黑黄金”。可见，茶叶在历史中早已成为极其重要的经济作物了。

2014年9月，一支由136峰骆驼、8辆古色古香的马车（骆驼和马车的数量，合起来即是茯茶的诞生之年——1368年）、100多位丝路英雄以及40多辆宣传车组成的丝路大型仿古商队，驮上泾阳茯茶，从位于泾阳县的中华大地原点出发，踏上了那条本就由骆驼脚掌踩出来的“丝绸之路”。这支庞大的商队，穿越陕西、甘肃、青海、新疆以及哈萨克斯坦的江布尔州，最终到达哈萨克斯坦陕西村，行程15000多千米，用时一年多。这一消息，被中央电视台新闻频道的《国际时讯》以“丝绸之路文化之旅，中国驼队抵达阿拉木图”为题进行播报后，立即引起社会各界的关注。驼队来自哪里、组织者是谁等一系列问题，连续几天在网上发酵。

直到有一天，马恒光和他的团队出现。

马恒光是陕西省茶文化研究会会长、中国丝绸之路文化大使、2015 年中国茶界十大风云人物，同时也是此次“中国丝绸之路文化之旅”的总策划人。他所执掌的泾盛裕集团是一家集茯茶研发生产、茶文化传播、食品生产与销售、国际贸易与产业投资、丝路文化及国际文化传播、农产品深加工、房地产开发等于一体的现代企业。有媒体评论他是“一位现实主义者”，“低调务实中，喜欢在传统文化中去寻找灵感和方向，能够超脱于名利的诱惑去观察、分析事物，在冷静与理性中追求完美”的人。

马恒光和他的驼队的出现，与国家启动的建设“丝绸之路经济带”的活动分不开。这是历史的机遇。如何抓住机遇呢？马恒光和他的茯茶公司经过审慎调研和精心策划，在泾阳县人民政府的大力支持下，于 2014 年和哈萨克斯坦东干协会充分协商后，决定以泾阳茯茶为切入点，以丝绸之路文化之旅为形式，由双方联合举办“泾阳茯砖茶·丝绸之路文化之旅”活动。正是由于这个难得的大好契机，才有了前面提到的泾阳茯茶重走古丝绸之路的文化之旅。

结合国家经济发展规划及古丝绸之路的历史意义，以及茯茶保健功效和哈萨克斯坦的饮食习惯，马恒光将最终的目的地选在了哈萨克斯坦陕西村。将茯茶与丝绸之路经济带的建设相结合，响应国家“走出去”的战略，马恒光和他的团队成功了。

活动策划初期，马恒光提出“丝绸之路文化之旅”的想法，几乎迎来一片反对之声。那时，谁也不知道这样投入地付出是

驼队行进在六盘山

对是错，是血本无归还是各方获利，一切都是未知数。企业家更多的是从经济角度考虑，驼队重走古丝路，要花多少钱，担多大风险，做这件事情到底值不值。马恒光认准了这件事，他必须要做——如果只看到现在，那就不要做；但是他看到的是将来，宁可现在苦一点，多付出一点，也要做，甚至尽全力地去做。

从当初的一片质疑声到后来赢得无数的赞扬，驼队所到之处，无不引起轰动。随着“泾阳茯砖茶·丝绸之路文化之旅”活动的开展，马恒光被誉为丝绸之路文化传播大使和新时代秦商精神的代表。看到新闻，有人专门辞职加入进来；有摄影家不计报酬随队工作；有年轻人放弃苏州的工作立志加盟“泾盛裕”的茯茶丝绸之路文化之旅；有人翘首盼望着驼队能到自己的城市……这件事验证了马恒光的判断：驼队重走丝路这种重现历史形态的活动,会让所有活动的参与者和关注者感到震撼。千余年来，古丝路在历史上留下浓墨重彩，而马恒光让茯茶重走丝路将会带动整个泾阳茯茶产业，其效果远远超出了预期，最重要的是在“润物细无声”中传播了中国文化故事。

用马恒光的话说，策划通过以驼队重走丝绸之路的形式促进品牌发展，并希望通过时间和行走，加上实实在在的市场营销策略,给整个茯茶产业以及泾盛裕品牌的发展起到带动作用。有理由相信，马恒光和他的驼队，能将中国茯茶乃至中国茶产业和中国文化传播得更远。

完成“丝绸之路文化之旅”活动后，马恒光的驼队将从阿拉木图继续西行，计划再用几年，一直走到罗马去。马恒光说，所有的艰辛都已看淡。无论经营企业还是日常的生活，都是在不断经受磨炼的过程中提升认识，在感悟中升华。这次活动对马恒光来说，是磨炼，更是洗礼，甚至改变了他的经营思路。作为一个民营企业者，他之前对“一带一路”倡议的认识并不深刻，感觉那与企业离得很远。现在他意识到，“一带一路”倡议是大概念，文化、产业要走出去，经济上要互惠互利、合作共赢，真正要把“一带一路”这台大戏唱好，唱主角的还是民营企业。

马恒光笑称他的驼队现在成了“中国队”，而他对这个活动的认识也发生了巨大的变化和升华,随着关注并参与的国家、民族越来越多，这项起初以茯茶文化传播与市场营销为目的的活动，不知不觉中已上升到产业层面甚至国家层面，驼队不仅带着具有健康保健功效的茯茶，更承载着中国人民的善良友好和丝路愿景,让丝路沿线国家对中国有了更多积极正面的认识，为更多产业走出国门打下了良好的基础。从这个意义上说，马恒光的驼队西行，既是企业经营层面的一种大胆突围与尝试，也是将传统文化与现代营销理念大胆结合的体现，更是马恒光和中国茶产业中民族品牌走向世界舞台的一次大飞跃。

驼队行进到丹霞地貌区

回望泾阳茯茶的发展历程，其当代复兴几乎可以说是一种机缘巧合，离不开天时、地利、人和。时至今日，一些人说起泾阳茯茶都会感叹：作为地处中国中心的陕西，自古以来除安康、商洛、汉中三个位于秦岭南麓的地方出产茶叶，秦岭以北片茶难栽。然而，地处古长安以北的泾阳县却能够生产出别具特色的茶叶，不能不说是个传奇。

在关于茯茶复兴的诸多人和事中，不难看出，21 世纪以来的 10 多年，是茯茶复兴的一个重要时期。然而，并不是到了 21 世纪，才有有识之士想到要恢复茯茶的生产。其实，早在 1981 年，泾阳县拖拉机修造厂就曾用陕南紫阳一带所产的茶叶试制过茯茶，并且也成功了。那时距离 1958 年泾阳茯茶停止生产不过 20 余年，不少了解茯茶生产的老工人和茶艺匠还活着，恢复茯茶的生产、制作，也要容易很多。可惜，由于资金、管理，或许还有时机、际遇的问题，当时的茯茶生产没有能够持续下来。

马恒光曾对媒体表示，随着生活水平的不断提高，大家对养生和审美的关注度会越来越高，而茯茶本身所带来的品饮感受，一定可以改变人们的观念。大家都希望离健康近一点，而泾阳茯茶是最适合当下人们调理身体机能的茶之一。国内对黑茶的消费需求正在上升，泾阳茯茶要真正突出重围，未来依旧任重道远。

前文提到的几位，大都是具有代表性的茯茶手工艺人和企业主——这两重身份在他们身上虽然也有分离，但很多时候是集于一身的。他们有手艺、有资金、有对茯茶的执着追求，最后，都以各自的方式为茯茶复兴做出了贡献。

这里，还要提到一位推动茯茶发展的人物，他不是制茶的艺人，也不是茯茶企业主，他是与茯茶有不解之缘又对茯茶有着特别贡献的人——李三原。

2007 年，在陕西省林业厅任职的李三原出差湖南安化，在那里的博物馆里无意中看到了一方茶砖——泾阳茯茶。据说李三原当时很是震撼，他惊讶于在陕西居然会出产文物级茶砖——泾阳茯茶。这种震撼程度用现任泾阳县云阳镇电商平台主任张广俊的话来说，就好比大白天捡了块大钻石一般。李三原返回陕西后，将自己的所见提上了地方政府会议，得到了政府的重视。经调研讨论后，成立了关于泾阳茯茶的专门机构。这就有了 2008 年泾阳县政府对茯茶复兴的重视，以及茯茶企业在政府支持下的大发展。由此，泾阳茯茶再次踏上了历史性的复兴路。后来，据说当泾阳茯茶再次进入世人的视野时，泾阳县政府以奖励形式，将一份完整的关于泾阳茯茶的全套资料影印件赠予李三原同志留存，作为对他为泾阳茯茶所做贡献的感谢。

正是有了这份执着与真诚，才让泾阳茯茶有了某种独特的气质，又因为无数茯茶人的努力和付出，才让泾阳茯茶多了一份骨子里的醇正与朴实。

『茶里茶外』是讲茯茶的知识，以及如何正确选择适合自己的茯茶、如何煮好茯茶与茶器的选用、饮茶到悟茶，让读者知其然并知其所以然。

第四章

茶里茶外

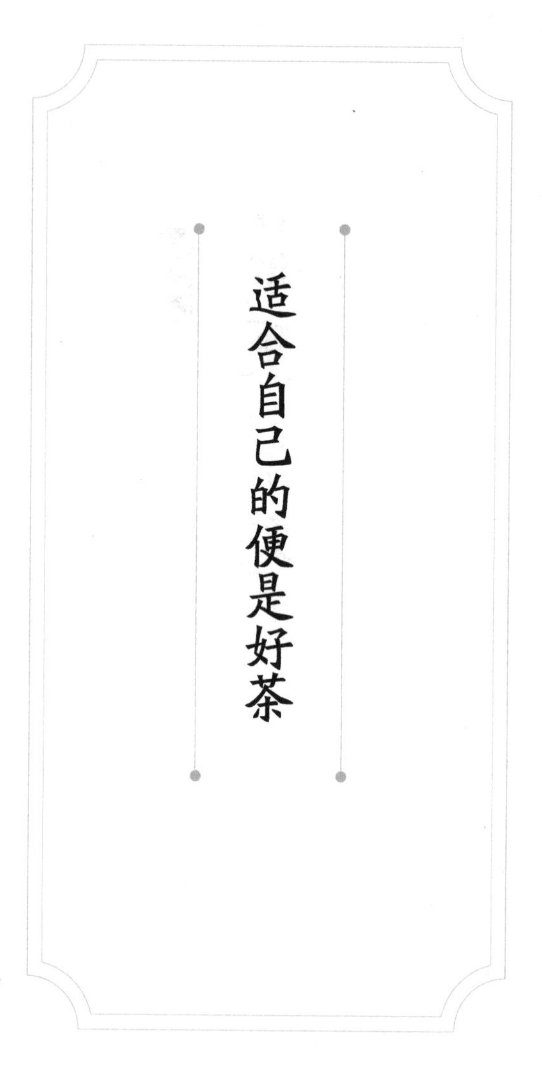

适合自己的便是好茶

我国作为茶的发源地，是世界上茶类最为齐全、品种最为丰富的国家。茶行至今流传着这样一句话：“茶叶学到老，茶名记不了。”这句话也正表明我国的茶叶品类之丰富。目前，我国茶叶行业较为通行的分法，是根据茶的加工工艺和品质差异，将茶叶分为基本茶类和再加工茶类，这也是当前较为科学的分类方法。其中基本茶类包括绿茶、白茶、红茶、黄茶、青茶、黑茶，也就是我们日常所说的六大茶类；再加工茶包括花茶、紧压茶、萃取茶、果味茶、药用保健茶、含茶饮料等。

各类茶之所以会呈现出不同的口感和汤色，主要是因为茶叶中的化学成分，特别是多酚类中的部分儿茶素类物质发生了程度不同的酶性、非酶性氧化。

绿茶是我国生产区域最广、产量最大、品种最多、饮用最普遍的一大茶类。从发酵程度来说，绿茶属于不发酵茶。绿茶之所以能保持鲜绿色，主要是因为在加工过程中运用高温杀青的方式，终止了茶叶中多酚类物质的氧化降解。绿茶汤色的青翠也与此密切相关。

绿茶有着清热明目、抗癌抗辐射等功效，再加上口感的清爽，因此在市场上广受欢迎。西湖龙井、碧螺春、信阳毛尖等都是绿茶中的代表茶品。

根据不同的杀青方式与干燥方式，绿茶又可分为蒸青绿茶、炒青绿茶、烘青绿茶与晒青绿茶四类。

蒸青绿茶指的是以蒸汽杀青的方式制作的绿茶，这类绿茶的特点是茶叶深绿，汤色浅绿，叶底青绿。目前我国生产蒸青绿茶的地区很少。蒸青绿茶曾在唐代传入日本，一直流传至今。炒青绿茶则因其采用炒干的干燥方式而得名。这也是我国现代绿茶的主要杀青方式。根据外形特点，可分为长炒青、扁炒青与圆炒青几类。西湖龙井与信阳毛尖就是此类茶品的代表。其产地主要为安徽、浙江、福建。烘青绿茶指以热风干燥而形成的绿茶。一般而言，其香气不及炒青绿茶明显，汤色清亮，滋味鲜醇，黄山毛峰、开化龙顶等为其代表名品。晒青绿茶指利用阳光晒干的绿茶。这类绿茶大部分被用来制作黑茶，主要产区为云南、四川、湖南、陕西等，主要茶品有滇青、川青、陕青等。

白茶因其成品茶多为芽头，且满披似银如雪的白毫而得名。白茶属于微发酵茶。采摘后的茶叶不经过杀青或揉捻，只是在长时间的萎凋后烘干而成。

据《大观茶论》记载：“白茶，自为一种，与常茶不同。其条敷阐，其叶莹薄，林崖之间，偶然生长，虽非人力所可致。有者，不过四五家；生者，不过一二株；所造止于二三胯而已。芽英不多，尤难蒸焙，汤火一失已变而为常品，须制造精微，运度得宜，则表里昭彻，如玉之在璞，它无与伦也浅焙亦有之，但品不及。”又有《东溪试茶录》载：“‘茶之名有七’，一

茶树

曰白叶茶，民间大重，出于近岁，园焙时有之。地不以山川远近，发不以社之先后，芽叶如纸，民间以为茶瑞，取其第一者为斗茶。”

白茶的外形芽好完整，满身披毫且散发清香，茶汤清澈，呈杏黄色，口感清淡回甘。白茶主要产自福建的福鼎、政和、松溪。研究表明，白茶性凉，有退热降火的良好功效。其主要茶品有白毫银针、白牡丹、贡眉等。

关于白茶，有个有趣的小故事，讲的是东汉时期，有个叫尹珍的青年怀揣家乡生产的茶去拜访儒学大师许慎，不承想遭遇了门丁的为难。等待困乏之余，尹珍就拿出怀中茶来咀嚼，不多时整个府邸便充溢着茶香。许慎闻之，踱步寻其源头，找到尹珍，将其带入书房，泡茶观赏。水中茶叶鱼样悠然自如，更如女人身着的丝带，白色叶底如银针坠壶，汤色明亮碧绿，品之清爽醇厚，有淡雅甘苦，在口中又即刻生津。

黄茶是一种微发酵茶。与绿茶加工工艺不同处在于多了一道闷黄的工序。闷黄后的茶叶呈现黄色，再经干燥即成。

根据采摘茶叶的嫩度与大小的不同，黄茶可以分为黄芽茶、黄小茶和黄大茶。黄芽茶，以湖南的君山银针、四川的蒙顶黄芽与安徽的霍山黄芽为代表。黄小茶以湖南的北港毛尖、湖北的远安鹿苑、浙江的温州黄汤为代表。黄大芽的代表则为安徽的霍山黄大茶与广东的广东大叶青。

黄茶具有干茶色黄、汤色黄、叶底黄的特点，茶香高锐，饮之满口醇爽。

青茶，又称乌龙茶，属于半发酵茶。青茶品类较多，其制作工艺介于绿茶与红茶之间。作为我国的又一特有茶类，主要产自福建、广东、台湾等省。

福建青茶又分为闽北青茶与闽南青茶，武夷岩茶、大红袍等是闽北的代表，而铁观音等则是闽南的代表。广东青茶以凤凰单枞、凤凰水仙为代表；台湾青茶以冻顶乌龙、文山包种等为代表。

红茶属于全发酵茶。在加工过程中，鲜叶中的化学成分发生变化，茶多酚大幅降低，同时又产生了茶黄素、茶红素等新成分，从而产生了相应的茶香物质。

根据制作工艺与品质的不同，红茶可分为功夫红茶、小种红茶与红碎茶。功夫红茶外形紧致条索，冲泡后的汤色与叶底呈红亮之色，香气浑郁，滋味醇甘。其常以地名命名，如安徽祁门的祁红、云南的滇红、浙江的越红等。小种红茶为我国产生最早的红茶，是福建武夷山的特产。此红茶因在加工过程中采用松木明火干燥，所以成品具有浓郁的松香味。红碎茶，在加工过程中，将条状茶切为碎茶。该茶滋味较为浓烈，在国际市场上较受欢迎。

黑茶因成品茶外观呈黑色而得名，属于后发酵茶，主要产

黑毛茶

区在湖北、湖南、陕西、安徽、云南、四川等地。传统黑茶以黑毛茶为原料制成，是紧压茶的主要原料。

黑茶的原料粗老，而其一系列的制作工艺中的渥堆则是影响成品品质的关键。在此工序中，在湿热与微生物发酵等的共同作用下，茶色变为油黑或褐黑。其外观虽不及绿茶等的清爽，但在泡煮之后，茶汤呈现为红亮的琥珀色，滋味更是醇厚，茶香扑鼻。并且，黑茶还具有消食健胃、防癌抗衰老等独特功效。

黑茶按地域分布，陕西黑茶名列其中，陕西黑茶其实就是泾阳茯茶，距今已有六七百年的历史。此外，湖南安化的黑茶、湖北的青砖茶、四川的边茶、云南的普洱茶等都是黑茶的代表品类。

从上述六大基本茶类的不同品性来看，无论产自何地的茶叶，即便早已离开了生机蓬勃的茶山、茶树，在经历了无数茶农、茶工的采摘、揉捻、晾晒等工序后，仍然神奇地焕发出了第二次活泼的生命,并且呈现出了各自不同的独特口感与清香。

茶有四季，人生又何尝不是如此。不管平日如何，每当闲暇之时或是夜深人寂，冲泡一壶自己欢喜的茶，入口入喉，慢慢渗透，回荡浸润整个身体，焕发的不仅是身体里已老化迟钝的感官，更延伸至精神层面。人的性情不一，茶的性情也不一，于是，在面对如此众多茶叶品类的时候，找到一款适合自己的茶，才是关键。

泾阳虽然不种植茶叶，但独特的自然气候与优越的地理位置却为之带来了与茶相遇的巨大机缘。泾阳地处陕西中部的泾河之北，亦是“八百里秦川”的腹地，无论地理环境还是人文环境，都造就了泾阳独特别致于其他地方的茯茶。凭借着天然优越的地理位置，自汉代起，泾阳就是“官引茶”的集散地，在古丝绸之路贸易往来中扮演着非常重要的角色。

经常为人称道的“三不离”的说法，正说明泾阳与茯茶的独特关系。茯茶的制作工艺非常复杂，也非常讲究。据记载，从起初的选择原料，到备水、熬釉、发酵、捶打、干燥等共数十道工序，都凝聚着陕西历史文化的厚重与古朴，也表达着蕴藏于其内的陕西人的细腻与执着、豪爽与宽阔。

与其他茶类相比，属于黑茶类的泾阳茯茶，具有暖胃、解油腻、消食、降低“三高”等保健药理功效，对生活在北方地区的人们来说，是一款绝佳的日常饮品。特别是对生活于高寒地区且以奶酪、肉食为主的西部少数民族来说，泾阳茯茶具有更为重要的价值与意义。对他们来说，饮用茯茶早已成为日常所需、生命所需，因此茯茶被誉为西部少数民族的“生命之茶”。

那么，对于喜好饮用茯茶的人们来说，到底该如何甄别选购呢？

一般来说，陈年茯茶性凉，宜于夏季饮用；新制茯茶性暖，适合冬季饮用。当然，具体选择也可根据个人肠胃寒暖以及嗜

精美的茶器

好而定。若是想体味不同的口感滋味，也可选择交替饮用。

正宗的泾阳茯茶，其品系并不多，选用的原料主要是来自湖南、湖北、四川、陕南的黑毛茶，也有部分选自云南。近年来，随着陕南茶园种植面积的扩大，其原料则主要为陕南紫阳巴山地区的黑毛茶。原料的选择，对于茯茶的口感滋味以及保健功效都具有重要的作用。

正宗泾阳茯茶，就外观来说，也具有鲜明的特征。开封后，茶砖整体平整瓷实，四角饱满；茶叶呈现为黑褐色，无异常霉变。用茶刀或茶锥打开茶砖，即可看到里面的金花，茂盛而且均匀，闻之茶香扑鼻。

选购茯茶时，还须特别注意商品包装上的各种标识。真正的泾阳茯茶，其外包装上都会有泾阳县茶业协会授权使用的“泾阳茯砖”注册商标，生产企业的商标、条码、QS 认证以及具体厂址、生产日期等。之所以要特别留意上述各类标识，主要还是因为正宗茯茶与泾阳有着天然且不可分离的紧密关系。流传至今的“三不离”说法无比贴切地说明，若要制得真正的泾阳茯茶，就必须仰赖泾阳之水、泾阳之气候与泾阳茶人之技术。正是泾阳的自然条件与制茶工艺，使得金花得到无比优越的生长繁殖环境，从而最终形成了茯茶的特异之处。所以说，是泾阳的自然与人文造就了真正的茯茶。

看汤色、闻茶香、品滋味，也是鉴别茯茶正宗与否的重要方式。鉴别时，可以取少许茯茶或冲或煮，待冲煮完毕，沏于透明的玻璃杯或瓷器茶盅中，若汤色呈现出一种清澈透亮的琥珀色，靠近鼻端，菌香扑鼻，香味醇正，入口干爽滋润，回味醇厚悠长，即为正品无疑。

当然，品鉴茯茶时，切不可以汤色深浅为据。好的茯茶，其茶汤虽经二三泡甚至四五泡，依然能够保持清亮的琥珀色，之后，清亮感与滋味便会逐渐变淡。

年份，也是甄选茯茶的重要参照。茯茶属于黑茶一类，是茶叶中既具保健功效又具收藏价值的一款天然饮品。就年份而言，一至五年的茯茶，饮用口感甚佳。而在一定存贮期内，茯茶时间越久品质越佳。陈年茯茶也具有非常高的收藏价值，有些甚至贵于黄金。例如在2003年全国茶博会上，半块民国时期的泾阳茯茶就拍出了人民币48万元的天价。

其实，喝茶与穿衣吃饭道理相同，不管衣服是华丽还是朴素，饭菜是山珍海味还是粗茶淡饭，也不管是白茶还是红茶、黑茶，适合自己的就是最好的。

品饮一款能喝的陈香

饮茶是门大学问。作为世间自然之物的茶叶，在享尽了天地的滋养和茶艺大师的冲沏烹煮之后，最终的独特滋味与淡雅全都蕴含在了茶汤里。饮茶是笼统的说法，具体而言，饮茶的方法有烹、煮、冲、泡，不一而足。各类茶由于品性不同，饮用方法也千差万别，对此我国古人早有非常精妙的论述。

择水是饮茶的重中之重，正所谓“精茗蕴香，借水而发，无水不可与茶论也”，此语高度概括了水对于品茶的重要性，水与茶是紧密不可分的。与茶相交融相接触的皆是有生命有个性的，或人或物，其年岁皆不等，这就有了复杂性，要想找寻到最完美的结合，那就得不断探索寻摸。自古以来，爱茶之人皆对泡茶的水看得甚是重要，所谓“水为茶之母”，说的就是这个意思。好水与好茶交融，不仅能释放出茶体里全部的香味，更能体现出一种独特的茶道精神。

那么，何为好水？宋时成书的《大观茶论》里写道：“水以清轻甘洁为美，轻甘乃水之自然，独为难得。”其中的“清”，应为择水之最基本要求。清，说的是水质要清澈透明；轻，则说的是水要为活水，经常流动循环，也就是我们今天所说的软水，含镁钙离子少，用其泡出的茶，色清明，味道醇厚；甘洁，古人多认为水甘甜为美，而经历过冰寒过程的水更是别有一番滋味。

古代文学作品中多有描写“融雪煮茶”。

茶汤与茶具

例如《红楼梦》第四十一回，妙玉给宝玉煎茶吃，黛玉问："这也是旧年蠲的雨水？"妙玉冷笑道："你这么个人，竟是大俗人，连水也尝不出来，这是五年前我在蟠香寺住着，收的梅花上的雪。"即使我们不知道当时泡的茶多妙多有趣味，但可以想象，梅花上的雪必然沾染了梅花的韵味，然后与茶相融合，定是一番别致好滋味。

又，白居易《晚起》诗云："融雪煎香茗，调酥煮乳糜。"陆游《雪后煎茶》诗云："雪液清甘涨井泉，自携茶灶就烹煎。"

陆羽在《茶经》中记载："其水，用山水上，江水中，井水下。"《荈赋》中也说，取水就取岷江中的清水。唐庚《斗茶记》中认为："水不问江井，要之贵新。"几者异曲同工。

有种说法，认为名山之上就会有好茶，顺延而下，名山之上也就会有好泉水。对此说到底该如何品酌，得看各人所思所想。有人会说，既然活水好，那瀑布、波涛之水如何？有人做过研究，这样的水苦涩浑浊，不能饮酌，大概是因为过度的激荡，反而损害了水质。有了茶，研究水的专著也应运而生，如唐代张又新《煎茶水记》、宋代欧阳修《大明水记》、明代徐献忠《水品》等等。

有时好的泉水不能随取随用，这就出现了贮水，这里面也有大讲究。每次取回如意之水贮存在瓮里时，其中有一点是万不可为的，就是瓮不能是新的，若是新的，则瓮体中的火气还没有退除干净，容易破坏完美水质。贮水器皿最好是一直用来贮水的，而中间或前后没有用作他途。古时多用木桶贮水，水性其实忌讳木性，五行相生相克里不是有"水生木"的说法么？两者若长期接触，则会生出第三种物质，所以选用瓷质容器贮水最好。此外，贮水器具的盖子还须盖好，最好用泥封上，取用时再打开。甚至，还有"舀水必用瓷瓯，轻轻出瓮"的说法。每个细节都不能马虎，一马虎就会影响一壶茶的整体滋味。

水若不好时该如何呢？这就出现了洗水。明代《煮泉小品》

中说："移水以石洗之，亦可去其摇荡之浊滓。"这里说的是用石头洗水，其实这里的石头起到了活性炭过滤的作用，最好用白色的石头，放在容器中，把需要洗的水从上面倒下，下面有器皿接水，如此反复多次，水质就会变得清澈甘洁。还有其他方法，明人高濂在《遵生八笺》中描述用炭火洗水，冬雪降落，用大瓮存储，放十几颗鹅卵石，然后放入燃烧的炭块，这样可以消杀掉水中的细菌、虫子。据说，乾隆皇帝特别推崇一种用水洗水的方法。因为当时交通不便，泉水运送过程中，由于种种原因会发生变质，运回来后就用更上等的泉水洗，使其恢复原有的甘洌。

除水的因素外，还有火，火候的掌握也相当重要。古时没有现在这样的科技，温度可以设定调控，全凭感觉触觉。烧火材料用坚实的木炭，但是如果木炭的木性没有去尽，燃烧过程中就会有余烟跑出，浸染到水里，这样加热的水自然就废弃。所以，在煮水前要把木炭烧红，除掉它的烟和火焰，然后加上火力旺盛的木炭，这样就容易煮沸。木炭再次烧红，煮水器具放上，用扇子快速扇，持续一段时间，这样煮出的水才称得上好水。

《本草纲目》作者李时珍对柴薪选用做了详尽与严格的规定。他认为使用不同柴薪煎煮的东西对患者的病体有不同影响，比如，"八木者，松火难瘥，柏火伤神多汗，桑火伤肌肉，柘火伤气脉，枣火伤内消血，橘火伤营卫经络，榆火伤骨失志……”，建议根据薪柴不同效能煮药，煮茶亦同此理。

关于饮茶的方法，自汉唐以来，大致经历了五种变化。一是煮茶法，就是把茶叶放进器皿中烹煮，这是唐代以前的方法。二是点茶法，这种方法从宋代斗茶发展起来，后被广泛接受。三是毛茶法，适合山里居住的人，具体方法就是把茶叶和诸多水果放一块，拿沸水冲泡，边喝茶边吃水果。山里水果和茶叶都新鲜，随采随泡，其乐无穷，妙哉妙哉。四是点花茶法，为明代人所创，说的是把各种花蕾放入碗底，沸水冲泡，花蕾在水中绽放，香气弥漫，此法可以得到视觉、味觉、嗅觉三重享受。五是泡茶法，明清时沿用至今，也是最被广泛接受的一种。各地人生活习惯不同，泡茶方法自然也不同。

总的来说，能让茶味尽发、茶色显露，就算成功了。茶的浓淡根据个人口味自行调节。茶总的品质属“俭”，所以水不宜太多，多了味就太淡薄，一碗茶喝一半就觉味道不好，再加水，味道就更是不对。入口时有苦味，喝下去后却又有余甘，这才是真正的好茶。

对于煮茶，茶圣陆羽曾提出“三沸”说，对水的三次沸腾时间做了严格精细的界定，具体为：水煮沸，冒出像鱼眼睛样的气泡，且有轻微响声，此为一沸；锅边缘有连珠样的水泡往上冒，此为二沸；水彻底滚沸，波浪翻腾，此为三沸。三沸多用眼睛判断，到宋代出现“点茶候汤”，全靠灵敏奇妙的听力，完全是考验煮茶人的技艺。之所以对水的温度把控这般严格，盖因水太熟茶就会沉，换句话说，就会致茶烫伤甚至死亡；水如果太生，茶的生命力就难以被激发唤起，温吞吞漂浮在水面。只有把握好水的生熟和茶的生命特性，两者相融相合，才能泡出茶的色、香、味。南宋罗大经《鹤林玉露》记载了倾听煮水的技巧：水初沸时，如砌虫声唧唧万蝉鸣；忽有千车稛载而至，则是二沸；听得松风并涧水，即为三沸。

对于冲泡饮茶，古人也有非常有趣的比喻。例如明代许次纾把第一泡比作亭亭玉立的妙龄少女，第二泡比作刚刚嫁为人妇的小家碧玉，第三泡比作孩子成群、为妇多时的半老妇人。

茯茶属于黑茶。制作好的茯茶年岁不等，老的上百岁，年轻的三五岁。在仓库放置期间，有一个空间放置的是老茶，用老茶带新茶，空气中多弥漫着老茶的茶香，一点一点地浸润进新茶，新茶茶体里的因子会与老茶身体里散发出的因子相遇，这一切又会发生什么样的碰撞，可想而又不可想。就是这样的茶叶，做好后，少则放三五年，多则存百十年。绿茶、青茶、黄茶多是追求新，比如平日里说的春茶，越新茶越好，产的茶分今年的还是去年的，如果放置两三年，储藏的环境再不讲究，茶叶就变得干燥无味，可谓老茶中的老茶，风、阳光、空气已然偷走了茶叶中的精华，即使包装再好再密封，环境不匹配也是徒劳。

煮茶

饮茯茶是门细致活，不必心急火燎。以上说的种种方法及水、火等因素，对于饮茯茶来说也是同样重要。至于茯茶的饮用方法，主要有以下几种。

第一，调饮法。

这种方法正像如今流行的各种口味的奶茶一样，饮用者可根据自己的喜好在茶中加入各种辅料，例如大枣、枸杞、酥油、奶、盐等。这种饮用方法在西部少数民族地区非常流行，如藏族的酥油茶、维吾尔族的奶茶等等。

撬茶工具

第二，泡煮法。

泡煮法是茯茶较为普遍的饮用方法。而在整个过程中，饮者享受的不只是茶汤的醇厚滋味与扑鼻香气，同时也有对茯茶独特外形肌理以及泡煮、斟品等的欣赏。

前面已经介绍过，茯茶的独特之处就在于加工工艺中有道发花的工序，正因为这道工序，茯茶中诞生了神奇的金花，其生物学名称为“冠突散囊菌”，这是一种有益于人体健康的菌种。在放大镜下，茯茶的金花灿烂美丽，甚是动人。而茯茶品质的好坏，关键就是看其中金花的多少。

泡煮茯茶多选用透明的玻璃茶具，这有助于人们观察、欣赏茯茶嫣红亮丽的茶汤。备好茶具后，用茶刀撬开茯茶，往壶中投入适量，接着注水润茶（为避免茶体中的金花流失，也可不润茶）。之后将润茶之水滤出，再注入开水，加热煮沸。同时，温杯待汤。茯茶煮沸三五分钟后，壶中汤色渐渐由浅变深，最后呈现为透亮的琥珀色。这个时候就可以斟入茶盅或茶杯，细细赏其汤色，闻其清香，品其滋味。

第三，冲沏法。

冲沏茯茶多选用紫砂壶。首先用沸水温热紫砂壶，接着冲洗茶杯或茶盅。然后取适量茯茶放入壶中，再将沸水注入，润茶一二分钟（也可不润茶）。滤出润茶之水后，注入沸水闷茶，三五分钟即可。饮茶前，还需要以此前润茶之水将茶杯温热一

煮好的茶汤

遍，完毕后就可把盏品鉴诱人的茶汤。

第四，凉茶。

把茶煮好，滤去残渣，放凉或放入冰箱冷藏后饮用，如此效果更佳。

总之，喝茯茶不管是煮还是泡，定要用心。饮用茯茶的过程，不仅可以欣赏到茯茶的独特品貌，还可以享受此过程中煮

沏的惬意。更为重要的是，长期饮用茯茶对身体健康十分有益。总之，这是一款需要饮茶者用身心共同体验的好茶。

当然，茯茶除具有上述各种有益于人体健康的饮用方法外，还拥有一种独特的价值，那就是收藏价值。

正如老酒一样，茯茶长时间存放可使其滋味醇厚香郁（当然也不可太久）。这主要是因为在长期存放过程中，茯茶中的化学成分发生了连锁反应。例如其中的茶多酚类物质发生了氧化作用，这些氧化后的物质又聚合反应，从而产生出了新的化学物质，使得茯茶的口感更为醇厚，香气更为馥郁，保健功效也变得更为明显。因此，民间有茯茶“三年药，五年宝，十年丹”之说。

如此看来，存放多年的茯茶就如古董中的瓷器、画卷、青铜器等一样，具有极高的收藏价值，是一款能饮用的古董，能泡出陈香持久、清澈红浓的茶汤，抿一小口，那种醇厚回甘绵滑的味道，在唇齿间久久荡漾。正所谓：茯茶是一款能喝的古董，是能品饮的陈香。

欲得好茶必先重其器

茶壶

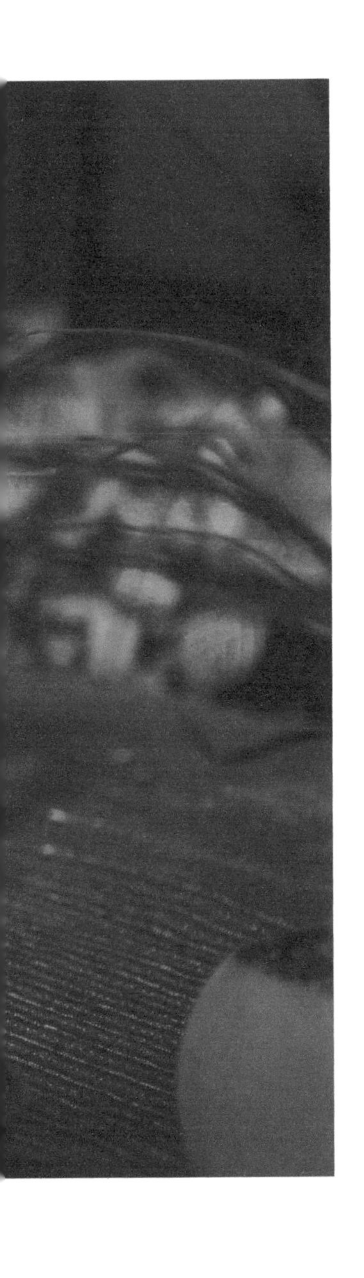

茶作为国饮，自古以来就广受欢迎，而且伴随古丝绸之路一路向西，远播中亚、西亚，乃至欧洲。到如今，茶早已成为世界范围内广受青睐的一种饮品。古人云：工欲善其事，必先利其器。饮茶亦是如此。伴随着茶文化在海内外的广泛传播，茶器的发展演变历史，无疑也是茶文化发展演变历史的生动映照。

常言道："水为茶之母，器为茶之父。"这说的就是茶人对于品鉴茶饮的高远追求。历代文人墨客多以茶酒诗文唱和，其间对茶器多有精妙论述，例如茶圣陆羽就在《茶经》中详尽论述了有关烹煮茶叶与品鉴茶汤的 20 多种茶器，时至今日，仍令世人追慕不已。

纵观古今茶器的发展演变，其核心在于实用性与艺术性的完美统一。无论是备水、理茶，还是置茶、品茗、洁净，每一个步骤都讲求完美精致的茶器的配置。这不仅是喜好品茗者对于茶之色、香、味、形的喜爱，而且在深层次更是内蕴着中国传统文化礼仪。

整体而言，茶器主要包括备水器、理茶器、置茶器、品茗器与洁净器五类。

备水器，主要有煮水壶、茗炉、暖水瓶等。煮水壶，顾名思义，就是用来烧煮开水以备泡茶之用的水壶。煮水壶有陶制、不锈钢类，其中以陶制煮水壶的保温效果最好。茗炉为煮茶的火炉。如今人们多选择用电加热烧水，既环保又快捷。暖水瓶，主要用来储存沸水以备泡茶之用。

与现代的品茗炉相比，古人用的器具则显得非常有趣。陆羽《茶经》载，其被称作“风炉”，材质多为铜铁，也有泥土、石头的，形状好像鼎，炉子下方有三只脚，铸了文字，分别是“坎上巽下离于中、体均五行去百疾、圣唐灭胡明年铸”。之间开三个通风漏灰的口，三个口上又有文字“伊公、羹陆、氏茶”，就是伊公羹、陆氏茶。陆羽当时说的茶具并非今人以为的茶具，其包括烹茶、品茶用到的所有器具，有风炉、碗、釜等 24 种。对于古人来说，喝茶不仅仅是喝茶，也是在完成一种仪式，茶的气味、形状、色泽给人带来的赏心悦目、心旷神怡、回味无穷为物质享受，而在泡茶煮茶过程中摆弄这些器具就是精神享受，充分结合发挥后可理解何为身体小宇宙、天地大宇宙。喝茶喝的是文化，不是徒有其表的附庸风雅，更不是肤浅的仅用于解渴。看似烦琐的步骤，实则隐藏了无穷无尽的乐趣。

风炉可以追根溯源到唐代，画家阎立本的《萧翼赚兰亭图》中绘制的茶炉与陆羽提到的基本一致，皆为三足、直身，底部有通风口，上面开口有三个距离相等的支座，可以放置茶釜。宋代以后茶炉多用铜为原材料。元代茶炉制作工艺更是纯熟精湛，有著名的姜铸茶炉。明代高濂的《遵生八笺》里记载，元代杭州城里有姜姓妇人，平江有叫王吉的人，他们铸造的茶炉精巧至极，深受当时人追捧。明代就更讲究，且分得更细，有专门煮茶的茶炉，还有专门烧水的汤瓶，多称为“茶炊”。

有意思的是，这种与茶结缘的器物不仅中国人喜欢，传到日本也颇受欢迎。有史料记载，宋代一些禅寺中使用的风炉，日本和尚十分欣赏，就带回本国，如今在日本已找不到中国传入的风炉，但茶道中使用的茶炉一直是中国的样式，例如，鬼面风炉、朝鲜风炉、琉球风炉等。风炉燃烧时，要不时把火拨一拨，这个也有专用工具，称作“火箸”，通俗叫法为火钳子。陕西扶风法门寺地宫出土的宫廷茶具里就有一个系着银链的火箸，顶端雕有花纹，做工很是精细。

理茶器，主要有茶夹、茶刀等。茶夹用来烫洗茶杯或将茶渣自壶中夹出，既卫生又安全。茶刀用于将黑茶类中的普洱茶或茯茶撬开，以便按量放入茶壶中，撬开的茶块在冲泡时候也更易于充分展现其汤色与茶香。

对于茶刀，古人叫法不同，陆羽《茶经》中有所记载。叫作“棨”，《茶经》曰：“一曰锥刀，柄以坚木为之，用穿茶也。”穿茶就是给茶穿洞，和切割茶是一个道理。按此顺序往下就是扑，“扑，一曰鞭，以竹为之，穿茶以解茶也”。为便于运输，把茶饼穿起来。“棚，一曰栈，以木构于焙上，编木两层，高一尺，以焙茶也。茶之半干，升下棚，全干，升上棚。”

置茶器有茶罐、茶匙等。茶罐用来存储茶叶，为了保持茶叶品质的纯正，一般都需要完全密封，还应有双层盖或者防潮盖。储茶罐多选用金属质地或瓷质的。茶匙是一种长柄、圆头、浅口的小匙，用途是将茶叶从茶罐中取出或者将茶壶中的茶渣取出。茶匙一般为竹质，在古代，茶匙还有以黄金、银等材质制成的。

品茗器主要有茶壶、茶海、品茗杯。茶壶指的就是泡煮茶汤的器具。茶海又被称为“公道杯”，其形状类似于无盖的开口茶壶，容积一般比较大，材质多为紫砂、瓷、玻璃等。茶海用来盛放泡好的茶汤，再分倒各茶杯，分倒的茶汤浓度均匀。为防止茶渣倒入茶杯，常常会在茶海上放置一过滤网。品茗杯是饮茶的重要器具，为在饮茶过程中便于观赏茶汤的各异汤色，多选用白瓷杯或内壁贴有白瓷的紫砂杯，也可选用纯紫砂杯与

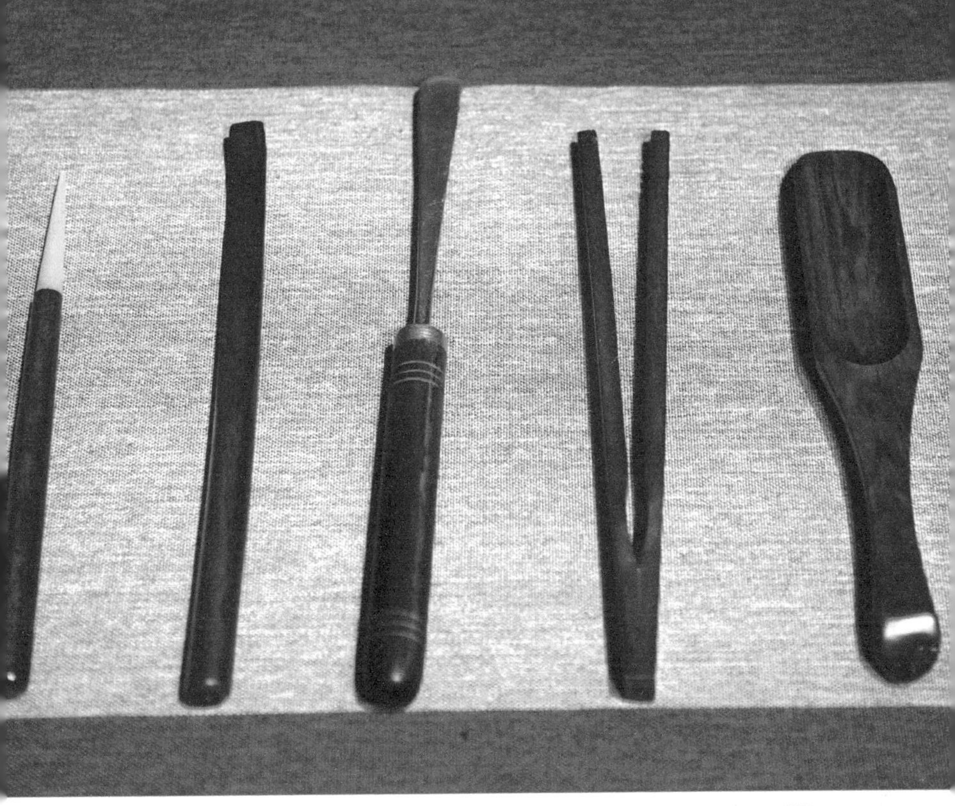

茶具

透明玻璃杯。

洁净器主要有茶船、茶盘、茶巾、容则等。茶船用于放置茶壶、茶碗，形状有盘形、碗形，材质有竹、陶、瓷、金属等。若盛放热水既可暖壶烫杯，也可养壶。当往壶中注水，添满溢出时，茶船也可将水接住，避免将桌面弄湿。茶盘用于盛放茶壶、茶杯以及茶道组等器具，其形状或圆或方或扇皆可。有的茶盘为双层设计，夹层可以用来盛放废水。茶盘材质也非常多样，有金属的，有竹木的，也有陶质的，每种都有鲜明的特色。茶巾用来擦拭茶壶、茶海底部或桌面之上的水滴，以保持茶案

茶器

的干净整洁。容则用于盛放茶夹、茶刀、茶匙等器具。其形状多为桶状，材质以竹、木居多。有的容则上还刻有典雅素朴的花纹图案，尽显儒雅之美。由此，容则与茶匙、茶夹等一起被美誉为“茶道六君子”。

茯茶属于黑茶，也是一种紧压茶，要想充分泡煮出醇厚口感与馥郁清香，需要选择相应的茶器。

茯茶需要用高温的开水来煮或冲泡，煮的话铁壶最好，因为铁与茶、水会发生奇妙反应，最终催发出茯茶中所蕴藏的对人体健康有益的各种物质。铁壶煮三沸后，稍作停留，倒进杯盏，具有厚重颜色的茶汤与清润杯盏相互映衬，不可方物。

饮茯茶，除选用上述几种器物外，许多人也因泡饮茯茶而选用碗盏。水在炉上烧沸，倒进碗盏里，头遍是洗茶，二遍开始泡饮。由于碗盏容量小，泡茶人就不住地把泡好的茶通过滤网倒进分茶器，然后分给众人。

这里的碗盏、茶碗皆有大学问，陆羽在《茶经》中说道：碗，越州产的品质最好，鼎州、婺州的就差些。还有说法，认为邢州产的比越州更好。对此有人就产生了不同的看法，认为如果说邢州的瓷器质地像银，那么越州的就像玉，银和玉相比，玉当然要更胜一筹。玉是自然中的精灵之物，银多少要显得木讷呆板，这是一；二是如果说邢瓷像雪，那么越瓷就像冰，常有成语说冰雪聪明，冰雪经常在一起，假如非要较量的话，那还真是旗鼓相当，这个胜负倒也可以暂且不论；三是邢瓷的白能使得茶汤呈现出红色，越瓷的青能使得茶汤呈绿色，如果泡黑茶、红茶，当然要选择邢瓷，饮绿茶、青茶、白茶用越瓷合适。

总之，饮用茯茶过程中器具的选择，应该根据具体情况或者个人偏好而定。正如我们前面所说的那样，只有适合自己的才是最好的，饮茶之器具的选择亦是如此。

禅茶一体中品味人生

随着生活条件越来越好，物质充盈，人们对精神生活很是渴求。如今你走进许多家庭，不管青年中年老年，客厅的茶几上都会摆放着或古朴或现代、或繁复或简单的茶具，来客人了，首先坐下喝茶。在日常简单的饮茶中，人们既可享受各种茶品所独具的不同滋味香气，也可感悟领略人生。饮茶不只是人们的日常饮食所需，更是一种体味茶道文化、追求淡雅素朴精神境界的艺术享受。

茶在我国被誉为“国饮”，至今已有数千年的发展历史。在此过程中，人们对于茶的认识也在不断深入，并最终形成了独具中华文化神韵的茶道文化。

“茶道”最早见于唐代封演所撰写的《封氏闻见记》，书中记载：“楚人陆鸿渐为茶论，说茶之功效并煎茶炙茶之法，造茶具二十四事，以都统笼贮之，远近倾慕，好事者家藏一副。有常伯熊者，又因鸿渐之论广润色之，于是茶道大行，王公朝士无不饮者。”中国茶道酝酿于晋、宋以讫盛唐。中唐之后，国人饮茶渐成风俗，出现了“比屋之饮”的普遍现象，同时更是自中原“流于塞外”。特别到了肃宗、代宗时期，陆羽《茶经》问世，奠定了中国茶道的基础，陆羽因此被人们尊为中国茶道的鼻祖。

唐代之后，关于茶道的著述时有出现。如宋代的蔡襄著有《茶录》、赵佶著有《大观茶论》，明代的朱权著有《茶谱》、钱椿年著有《茶谱》、张源著有《茶录》、许次纾著有《茶疏》，等等。这些著述都对茶道文化有着精妙的论述。

在古代，茶道文化也有风格各异的不同流派。如以唐代皎然、常伯熊等为代表的“煎茶道”，以宋代蔡襄、赵佶为代表的“点茶道”，以明代张源、许次纾为代表的“泡茶道”。此外，也有人将古代茶道划分为贵族茶道、雅士茶道、禅宗茶道与世俗茶道。贵族茶道更为讲究茶之礼仪，彰显富贵之气；雅士茶道追求茶之神韵，重在艺术享受；禅宗茶道强调茶之品德，旨在参禅悟道；世俗茶道重在体味茶之滋味，享受现实人生。

从古代茶道文化的发展来看，其内涵也是恒中有变，比如对茶之滋味与人之精神自然交融的追求。时至今日，茶道文化

茶刀与撬好的茯茶

又有新的发展。今日的中国茶道，融合了儒释道诸家的思想精华，在品鉴茶之滋味以及相关礼仪文化的过程中，追求一种精神道德的圆满。

唐代诗人卢仝在《谢孟谏议寄新茶》中对于饮茶有一段无比精妙的论述，他说：

一碗喉吻润。两碗破孤闷。三碗搜枯肠，惟有文字五千卷。四碗发轻汗，平生不平事，尽向毛孔散。五碗肌骨清。六碗通仙灵。七碗吃不得也，惟觉两腋习习清风生。蓬莱山，在何处？玉川子，乘此清风欲归去。

卢仝的上述表述，虽然说的是饮茶，又何尝不是对于茶道文化精神追求的恰切描述呢？

其实每个时代的品茶方式皆代表着当时的时代精神，当然其他艺术品里也有，如绘画、书法、瓷器等。其中的精神旨趣，需要人们去慢慢体味。

禅宗是中国思想与印度思想碰撞后的产物之一，具体说就是佛教传入中国，中国人根据自己的精神需要发展出的一个支脉。初唐时期，禅宗作为佛教形态之一在中国发展起来，禅宗的教义与大乘佛教的一般教义别无二致。佛文化讲究超越的智慧。其中的一些思想可以理解为，人要超越事物的表面看清其实质存在，这样才能洞察世界，更好的理解生命的本真，如果

茯茶

能做到这一点,则可以避免因为个人的私欲而使自己痛苦不堪。

禅文化与佛文化关系密切，认为语言会使人脱离实际，沉迷于概念，应该用亲身实践替代空洞抽象的概念描述，所以其表达方式常常超越言语，直达本真，看似违背了语言科学的一些规则，但表达了最具体的经验。从某种意义上讲，语言也是行动的，是具体的、个人的，它包含在我们的躯体行动中。道，其实就是人的日常生活经验。比如“当你饿的时候，你就吃；当你渴的时候,你就喝;当你遇见朋友的时候,便与他打招呼。”一切就是这么的简单与自然。

禅与茶道的相通之处就是它们都在竭力地使事物纯粹化，禅是通过感觉直觉把握终极存在，去除繁杂，茶道则是通过茶室泡茶、品茶等生活方式而实现的。禅的目的在于剥离人们为装饰自己而添加的外物。茶道中流露出对精神的尊重，与禅更有着密不可分的关系，用词语形容的话，就是和、敬、清、寂，这四要素贯穿茶道始终，构成井然有序的生活本质。当然，这种生活正是禅寺的生活，正所谓“禅茶一味”。

“和”是什么，和首先是中国人最常说的“以和为贵”。中华民族是和善易相处的民族，中国自古就是礼义之邦，对和之追求古今皆同。而要论及饮茶，茶室的整体氛围营造出的和，有触感之和、香气之和、光线之和、声音之和。触感说的是茶碗、茶壶及所有茶具。就拿茶碗来说，其手工制作形状没有机

茶汤

器制作的规整，且上釉也不均匀，这种不起眼的器物竟然如此原始，同时具备了和、静、慎等独特美感。香气之美为茶室内所燃烧的香，味道温和清淡。这一切的柔和与安详，无疑都会催人进入一种平和冥想的禅宗境界。

古人经常把茶室建在山泉树林掩映处，风儿一吹，树林间发出声响，与茶室里煮沸的水声形成和鸣，这又是声音之和。试想，在此天然雅静中品茶论道，该是何等惬意。

茶道其实就是煮水、点茶、喝茶而已，别无其他，就是件很简单的事情。人生中有太多事情，我们总是思想不停，觉得这也应该那也应该，或者思考如何得到如何使用，实则在这样思考时，这个想要之物已经不在了。道与禅对此讲得最透彻。

茶道中的清与道教中的清，相通之处大概就是修炼的目的，都是为了让内心灵魂从被污染的感官中解放出来。老子说：“五色令人目盲，五音令人耳聋，五味令人口爽，驰骋田猎令人心发狂，难得之货令人行妨。是以圣人为腹不为目，故去彼取此。”对修者而言，人的感官整日接受到的污浊是巨大的，满目琳琅，到处弥漫着震天动地的音乐，吃食各种虚假，虽然这一切看起来、听起来、吃起来都特别爽快，但祸患却如海啸一样在酝酿膨胀。

茶道本意在于使六根清净。眼观挂轴、插画，鼻嗅燃香，耳闻水沸之声，口品茶汤，手足端正，当无根清净时，心灵自然会清净。寂比安静的含义要广要深，寂在佛教里常用来表示死亡或涅槃之意，在茶道里接近单纯、贫乏、孤绝之意。在单纯、贫乏、孤绝的情况下，唯有一颗安静清凉的心才能安然，否则会生出更多的浮躁不安。有诗人在无意间写下这样的诗句：“前村深雪里，昨夜数枝开。”给朋友看时，朋友建议将“数”改为“一”，他听了朋友的建议，并且尊称其为一字之师，其间就蕴含着清淡贫乏之意。

真正的茶道是什么？是茶室里的朴素自然。茶人闲适宁静地居于小屋，有人来访，茶人沏茶插花，来访之人陶醉沉迷于茶人的款待和话语里，怡然自得地享受着无声流逝的时光。

转而说到茯茶，其外观虽显沉实，但却是有着区别于其他茶类的独特品质。茯茶有着自己独有的性子，与水相遇，置换出沉稳的颜色气味，人们喝下去，能消食健胃。茯茶之道，可以说属于所谓的世俗茶道。

唐代的松山和尚请居士喝茶，居士举起茶托，说："人人尽有分，因什么道不得？"和尚说："只为人人尽有，所以道不得。"居士说："师父为什么能得道？"和尚说："不可无言也。"居士说："灼燃，灼燃。"这里面的茶托不仅仅是茶托，其意义深远，只有他们二人知晓。还是那个意思，茶道包括和喝茶相关的事物，重要的是整个过程由无知觉中生起的心境，所以，茶道是一门培养精神世界的艺术。

坐在简陋的茶室里，端起茶碗，喝着茶，听着茶壶里沸水声响，缓缓地，我们的心就静下来了，干净的声音就传入耳朵，这是来自天地自然的声音，不疏不密，不快不慢，不长不短，不高不低，心静了，让时光随着生命流逝。

从茶道的发展也能清楚看到茶道与禅的关系。传说 12 世纪末，禅门一位和尚把茶籽从中国带到日本，这位禅师在中国对茶颇有研究，他带到日本的除了茶，还有禅师们供奉达摩大师的供茶仪式，自此，茶道与禅也就紧密地联系在了一起。

茶道与禅皆在告诉人们，按自己的方式去面对生活中的所有。《五灯会元》中所记载的那则僧人"劫火洞然"的禅宗公

静待品饮的茯茶

案，正是对此理念的说明。

在天地之间，动物、植物、人类、石头、流水、山谷都有着同样的生命意义。茶道与禅最终是要我们明白，饮茯茶既是品鉴其独特的滋味，有益于身体健康，同时也让我们在那一杯杯的茶汤中体味、感悟人生。

茶里茶外皆人生。

参考资料

图书类

1. 陕西省地方志编委会：《陕西省志·商业志》，陕西人民出版社，1999 年。

2. 泾阳县志编委会：《泾阳县志》，陕西人民出版社，2001 年。

3. 丹凤县志编委会：《丹凤县志》，陕西人民出版社，1994 年。

4. 周绍良：《全唐文新编》第 3 部第 1 册，吉林文史出版社，2000 年。

5. 文震亨：《长物志》，江苏凤凰文艺出版社，2016 年。

6. 陆羽：《茶经》，九州出版社，2016 年。

7. 赵佶：《大观茶论》，中华书局，2017 年。

8. 吴觉农：《茶经述评》，中国农业出版社，2005 年。

9. 陈宗懋、杨亚军：《中国茶经》，上海文化出版社，2011 年。

10. 杨多杰：《茶经新解：茶圣陆羽的饮茶智慧》，机械工业出版社，2017 年。

11. 威廉·乌克斯:《茶叶全书》,刘涛、姜海蒂译,东方出版社,2011 年。

12. 陈祖椝、朱自振:《中国茶叶历史资料选辑》,农业出版社,1981 年。

13. 朱自振:《中国茶叶历史资料续辑(方志茶叶资料汇编)》,东南大学出版社， 1991 年。

14. 朱自振：《茶史初探》，中国农业出版社，1996 年。

15. 夏涛：《中华茶史》，安徽教育出版社，2008 年。

16. 李斌城、韩金科：《中华茶史·唐代卷》，陕西师范大学出版总社有限公司，2013 年。

17. 沈冬梅、黄纯艳、孙洪升：《中华茶史·宋辽金元卷》，陕西师范大学出版总社有限公司，2016 年。

18. 姚国坤：《茶文化概论》，浙江摄影出版社，2004 年。

19. 朱旗：《茶学概论》，中国农业出版社，2013 年。

20. 李道和：《中国茶叶产业发展的经济学分析》，中国农业出版社，2009 年。

21. 刚仓天心、九鬼周造：《茶之书·“粹”的构造》，江川澜、杨光译，上海人民出版社，2016 年。

22. 金晓军、王国强:《中国回族茶文化》,阳光出版社,2012 年。

23. 伍湘安：《安化黑茶》，湖南科学技术出版社，2008 年。
24. 徐民主：《天下第一“砖”：泾阳茯砖茶》，陕西人民出版社，2010 年。
25. 肖斌：《中国好茯茶》，西安出版社，2015 年。
26. 刘石泉：《茯砖茶优势金花菌及相关发酵微生物多样性研究》，中南大学出版社，2017 年。
27. 李刚、张军利：《陕西商帮与陕商精神十八讲》，陕西人民出版社，2013 年。
28. 林梅村:《丝绸之路考古十五讲》,北京大学出版社,2006 年。
29. 南怀瑾：《禅林闲话》，复旦大学出版社，2002 年。
30. 铃木大拙：《禅与日本文化》，钱爱琴、张志芳译，译林出版社，2017 年。

论文类

1. 彭先泽：《安化黑茶》，载《安化黑茶》2015 年第 6 期至 2016 年第 4 期。
2. 韩健畅：《茯茶何以名“茯”》，载《咸阳师范学院学报》2015 年第 3 期。
3. 张遴、方悦：《茯茶功效研究进展》，载《食品研究与开发》

2018年第9期。
4. 周墨林：《陕西泾阳县茯茶研究》，载《咸阳师范学院学报》2018年第3期。
5. 中国食品土畜进出口商会茶叶分会秘书处：《2015年我国茶叶出口金额创历史新高》，载《中国茶叶》2016年第2期。
6. 中国食品土畜进出口商会茶叶分会秘书处：《2018年3月中国茶叶出口各国（地区）销量统计》，载《中国茶叶》2018年第6期。
7. 周海岚：《泾阳茯砖茶产业发展现状、问题和对策》，西北农林科技大学硕士学位论文，2016年。

后记

寻找茯茶

中国是茶树的故乡，也是世界上最早采制和饮用茶叶的国家。据古代文献记载，此历史距今已达四五千年。时至今日，茶叶种类繁多，品名更是达到千种以上。饮茶也早已成为国人日常生活中的重要内容。若是提及名茶，人们首先想到的大概就是日常所说的中国茶叶十大名品——西湖龙井、信阳毛尖、安化黑茶、蒙顶山茶、六安瓜片、安溪铁观音、普洱茶、黄山毛峰、武夷岩茶、都匀毛尖。

“自古岭北不产茶，唯有泾阳出名茶。”

这是在陕西这片厚重的大地上，至今流传着的一句民间谚语。

初次听到这句民谚的朋友，想必大多数都会生出许多的疑惑来。因为在人们的印象中，名茶自古至今基本都产自南方，“茶圣”陆羽在其经典茶学名著《茶经》中开宗明义第一句就是：“茶者，南方之嘉木也。”而位处西部地区的陕西泾阳又怎么会出产名茶呢?

陕西泾阳位处关中平原的核心地带，它依傍着古丝绸之路的起点长安，同时又占据着泾河之滨的水陆交通要道，因而素有关中“白菜心”之称。虽说这里的自然气候确实并不适合茶树的生长，但是此地的气候、水质以及便捷、重要的交通等因素却天然地使其成为制作茯茶的最佳地区与南茶北运、西运的中转站。而关于茯茶“三不离”（离不得泾阳之气候，离不得泾阳之水质，离不得泾阳人之技艺）的说法，正是对此的生动表述。历史上第一块茯茶，据说于明洪武元年（1368 年）诞生于陕西泾阳。从此，泾阳茯茶便伴随着古丝绸之路上的悠悠驼铃，一路向西，远销新疆、西藏，乃至中亚、西亚、欧洲诸地，成为古丝绸之路上的重要商贸物品。

茯茶虽源自湖南安化的黑毛茶，但只有到了陕西泾阳，得益于此地的气候、泾阳之水以及泾阳人的技艺，才彻底发生了神奇的变化，生出了极为珍贵的金花。这种学名为“冠突散囊菌”的金花，是茯茶最为关键的部分。因为它的存在，西部地区少数民族的饮食习惯与健康状况都发生了极其重要的变化，茯茶成为他们日常生活的必需品，获得了丝绸之路上的“黑黄金”、西部少数民族的“生命之茶”等美誉。

历史进入近代以来，因受各种因素的影响，茯茶的贸易通道几经阻隔，渐渐地走向了衰落。特别是 20 世纪 50 年代末期，为了响应国家的建设方针，陕西的茯茶厂家全部南迁至湖南安化。由此，泾阳茯茶规模生产成为历史。但是，茯茶的民间余脉始终都鲜活地存在着。

进入21世纪，曾沉寂半个世纪之久的泾阳茯茶，在致力于复兴茯茶梦想的陕西茶人的共同努力下，于2008年试制成功，随后便渐渐地走上了快速发展的道路。特别是2013年“一带一路”倡议的提出，为曾享誉古丝绸之路的泾阳茯茶带来了前所未有的发展契机。在各级政府部门的主导与支持下，茯茶产业近年来确实取得了一系列的骄人成绩。如茯茶原料的陕地茶园面积不断扩大，茶叶产量持续增长；以茯茶小镇为代表的茯茶文化产业已经初具规模，并且有力地带动了茯茶的生产和销售；有关茯茶的教学、科研机构等纷纷建立，形成了产、学、研一体化的研究开发格局；等等。

正是源于对故乡陕西茯茶的一种情愫，西安曲江出版传媒股份有限公司范婷婷、李丹女士提出该选题，后来她们约请青年作家、陕西省“百优人才”入选者王刚（笔名秦客）先生领衔执笔此书。之后，王刚先生又邀约我们四人商谈，一拍即合，商定好分工协作（王刚，前言、第一章；王晓飞，第二章、后记；史宝龙，第三章；王闷闷、王晓飞，第四章；宋宁刚，全书统稿），随即开始着手搜寻有关茯茶的各类资料。

为了写作这部书稿，我们查阅了大量文献资料，例如，吴觉农先生的《茶经述评》（中国农业出版社，2005年），陈宗懋、杨亚军两位先生的《中国茶经》（上海文化出版社，2011年），伍湘安先生的《安化黑茶》（湖南科学技术出版社，2008年），徐民主先生的《天下第一“砖”：泾阳茯砖茶》（陕西人民出版社，2010年），等等。这些茶学先辈的经典大著都对我们写作本书提供了很大的帮助，在此特致谢忱。

同时，为了能对陕西泾阳茯茶有一个更为直观的切身体验，我们一行数人顶着三伏天的烈日，不止一次地赶赴茯茶诞生地泾阳进行实地考察。来到泾阳县城后，我们在申海滨、董崇林两位先生的带领下，先后拜访了贾根社先生创办的陕西泾阳泾砖茶业有限公司、舒玉辉先生创办的泾阳泾昌盛茯砖茶有限公司。

在贾根社先生的临街茶社，我们先是品尝了以湖南安化黑毛茶为原料，完全手工制作的纯正茯砖茶，端起茶杯，汤色红亮，味道醇厚，三杯入口，便让浑身的暑气退去大半；接着，我们又参观了贾先生的茯茶博物馆以及多层小楼的茯茶储藏库。身处依次陈列当年制作茯茶各种器具的展厅里，我们仿佛回到了当初泾阳茶人在泾河之滨制作茯茶的现场；而整齐码放着一排排厚实茯茶的储藏库，整个漫溢的茯茶香味沁人心脾。

在舒玉辉先生的会客厅里，我们有幸品尝到了他新近研制的茯茶新品。这款茯茶的独特之处在于，茶汤清亮，入口后先为茯茶的醇厚，后为绿茶的清新。如此独特的茯茶口味，真是妙不可言。对泾阳茯茶的实地考察，让我们既感到兴奋，更感到震撼。而贾先生等人的言谈举止，更是让我们再次见识了关中人的豪爽与古道热肠。

在西安，我们见到了社树姚恒昌堂茯茶传人穆民先生，他说：“姚家做茶非常早，我想让姚家制茶的历史故事和文化传承下去。我做茶，更是想要让大家知道丝绸之路上的姚家故事，同时让我们的传统文化更好地传下去。”

还有王武先生、张广俊先生、巩军红女士、高续先生、张澜馨女士、王盼晴女士、蔺亮先生、莲心女士、小苏女士、穆宁波女士，陕西茯茶文化博物馆、泾阳县茯茶协会、泾阳县云阳电商中心、陕西泾阳泾砖茶业有限公司、陕西泾阳泾昌盛茯砖茶有限公司、陕西泾阳恒昌茶业有限公司、陕西高香茶业有限公司等个人、单位和企业，对本书的成稿提供了帮助，在此一并感谢！

正所谓“一方水土养一方人”，陕西这片沃土，曾见证了无数王朝的兴衰沉浮。或许是由于历史文化过于厚重，陕西人特别是关中人，历来安土重迁，厚实淳朴，但也不乏思变与创新。认识茯茶、品尝茯茶的过程，其实也就是与关中人相识、相知的过程。初见茯茶，或许你会为它那粗犷的外表而惊讶，甚至不禁暗想：这茶真是所谓名茶？而当你端起那杯汤色嫣红而透着玛瑙一般色泽的茯茶，微呷入口，先是略涩，继而甘醇，最终一股香郁之气会在你的舌齿之间久久回荡，不由得你要为之颔首称赞：好茶，好茶！

如今的茶室、茶座，随处可见，但是却都充满了浓浓的商业气息。而伴随着科技的发展，制作茯茶的诸种条件，基本都可以通过科技手段实现，但陕西泾阳作为茯茶最初的诞生地，将永远珍藏着人们对于茯茶历史文化的记忆。

亲身寻访、感受茯茶的悠久历史与丰富文化，不只是对历史的一次回望，更是对于未来的一种期许。寻找茯茶，其实就是寻访一段历史；品味茯茶，其实就是品味一种文化。在这个过程中，我们看到了茯茶历史文化的波澜壮阔，更看到了陕西茶人执着于传统茯茶制作工艺的继承与发扬，和在新时代背景下面对新的消费市场进行创新的工匠精神，以及陕西商帮“忠义仁勇”的优良品质。对此，我们每个人都不应该忘记。

闲暇时，煮一壶茯茶，与友人对坐茶室，无论豪华还是素朴，馥郁的茯茶香味，伴随着翻滚之水，慢慢飘逸开来。清风徐来，茶香相伴，友人间的低语闲叙，无论家国，无论柴米油盐，谈笑间的一切，全都融化在了那一杯杯的茶汤里，尽可抵得了半生浮梦。这大概就是陕西茯茶的温度与情怀了。

王晓飞

戊戌仲秋